葉連德 著

西點蛋糕製作

五南圖書出版公司 印行

作者序

美味的西點蛋糕常令人有種幸福與喜悅感，特別在生日或婚禮，如果少了蛋糕就好像慶祝宴會少了重要元素，因此西點蛋糕在餐會中經常扮演畫龍點睛的角色。好吃的甜點讓整個餐會做美好的結尾，讓賓客回味無窮。如何做出美味甜點是西點蛋糕師傅與初學者，最想了解的話題之一，筆者累積多年企業實務與學校教學經驗提出個人的看法，編輯成西點蛋糕製作專書與大家分享心得。

自從《麵包製作》一書出版後，很感謝讀者熱烈回響，很多讀者希望能繼續出版西點蛋糕製作，讓烘焙專書能整套呈現，如今利用教學空檔時間完成兼具理論與實務的專書。本書分為六個章節，分別是：西點蛋糕學習入門、西點蛋糕原料、西點蛋糕烘焙計算、西點製程、蛋糕製程、西點蛋糕配方等。由淺入深，適合初學者，也適合有意精進者。希望讀者在最短時間內了解西點蛋糕製作之精華，本書提供如下學習目標：

1. 西點蛋糕學習入門：了解西點蛋糕種類、建立西點蛋糕基本配方架構、了解各原料增減對產品品質如何影響、認識西點蛋糕製程原理及製作過程中的結構變化等。
2. 西點蛋糕原料：了解原料特性，原料包括：麵粉、油脂、糖、雞蛋、牛奶及乳製品、可可粉與巧克力、膠凍原料、膨大劑、鹽、塔塔粉、堅果類、乳化劑、防腐劑、色素等等。
3. 西點蛋糕烘焙計算：了解製作西點蛋糕相關計算，包括成本計算、烘焙百分比計算、材料重量計算等。對於業界經營及學校考試皆有莫大助益。
4. 西點製程：了解製作泡芙、布丁、派、塔、慕斯、鬆餅及小西餅之製程。
5. 蛋糕製程：了解製作麵糊類蛋糕、乳沫類蛋糕及戚風類蛋糕之製程。
6. 西點蛋糕配方：認識製作泡芙、布丁、派、塔、慕斯、鬆餅、麵糊類蛋糕、乳沫類蛋糕及戚風類蛋糕等配方。

希望研讀之後，讀者能完成美味可口的西點蛋糕，分享親朋好友，或創業產品製作打下基礎。

筆者累積數十年之企業實務經驗與教學心得，審慎編輯，期能與製作西點蛋糕同好及初學者分享，唯西點蛋糕製作技術發展日新月異，無法窮盡，疏漏難免，尚祈各先進與讀者不吝指正、賜教，以供再版更正，使本書更臻完美，嘉惠後輩。

葉連德 謹識

2016年9月

CONTENTS

chapter 1

【西點蛋糕學習入門】

chapter 2

【西點蛋糕原料】

chapter 3

【西點蛋糕烘焙計算】

CONTENTS

西點蛋糕學習入門

CHAPTER 1

西點蛋糕種類比麵包複雜，不同種類的西點蛋糕，製作程序就不同，因此學習西點蛋糕前，需先了解其分類，然後在各類產品中默記一個代表性配方，且了解各材料用量增減時，對產品品質有何影響。並且必須了解製程原理與各材料之功能，因為即使同類蛋糕，操作方法會隨配方不同而做調整。例如：打發蛋白糖時，蛋白與糖的比例，決定糖拌入蛋白的時機，並非一成不變。當配方中糖的量少於蛋白的一半時，打發蛋白糖，糖最好一開始即全部與蛋白一起打發。如果配方中糖的量少於蛋白的1/3時，糖一開始就要全部與蛋白混合，而且蛋白必須降溫至約5℃，不能死背蛋白最佳打發溫度為17℃～22℃。相反的，如果配方中糖的量是蛋白一半以上時，則一開始只添加約1/3量的糖，等打發到蛋白起泡階段後再加入其餘的糖，繼續打發到所需要的階段。如果配方中糖的量大於蛋白時，不但糖要分次拌入蛋白中，而且打發蛋白溫度最好約35℃～40℃。以上敘述似乎有點複雜，其實了解其原理之後，就覺得理所當然，不需死背操作條件，對於複雜條件，自然迎刃而解。因為打發蛋白糖時，糖經攪拌後溶解於蛋白液中，讓蛋白液稠度增加，蛋白液變得厚重就比較不易起泡，而且起泡後的泡沫也比較穩定，因此糖具有抑制蛋白起泡而且穩定泡沫功能。另外，打發蛋白時溫度直接影響起泡性，溫度愈高，蛋白質中胺基酸成分反應愈活耀，因此，溫度愈高蛋白愈容易起泡。了解糖在打發蛋白時所扮演的功能及溫度對起泡性影響，即能對於打發蛋白糖條件敘述清楚理解，為什麼糖量多（大於蛋白量一半），打發蛋白糖時，糖要分次拌入，這是因為糖會抑制蛋白起泡。當糖量更多時（大於蛋白量），由於太多糖會抑制起泡，因此要配合加溫，促進蛋白起泡性增加；而糖量少時（少於蛋白量一半），糖所造成抑制量有限，所以一開始攪拌即將全部的糖拌入。當糖量更少時（少於蛋白量1/3），必須配合降溫，減緩蛋白起泡，否則太快形成的泡沫很脆弱，麵糊容易消泡，直接破壞蛋糕品質。由此可見，了解製程原理之重要性。

第一節　西點分類

一、西點區分為

布丁、奶酪、果凍、派、塔、泡芙、慕斯、鬆餅、巧克力、道納司、餅乾……等等。各類西點特性如表一所示：

表一　各類西點特性

西點分類	特性說明與細分類
布丁	主要成分為：雞蛋、鮮奶、糖……等。
奶酪	分為蒸烤奶酪與免蒸烤奶酪。 蒸烤奶酪主要成分為：雞蛋、鮮奶、動物性鮮奶油、糖……等。 免蒸烤奶酪主要成分為：吉利丁、鮮奶、動物性鮮奶油、糖……等。
果凍	主要成分為：凝固材料、水、果汁、糖……等。 凝固材料包括：吉利丁、明膠、洋菜、果凍粉、蒟蒻果凍粉……等。
派	酥鬆的鹹派皮與派餡組合的派，分為三大類：單皮派、雙皮派與油炸派等。其內餡分為生餡與熟餡，因此，又細分為：生皮熟餡、生皮生餡、熟皮熟餡與半熟皮生餡。
塔	軟脆的甜塔皮與塔餡組合的塔，區分為兩大類：單皮塔與雙皮塔等。
泡芙	泡芙分為兩大類：軟皮泡芙與脆皮泡芙。
慕斯	慕斯分三大類：果泥、糖水、巧克力為主體。
鬆餅	裹油類的鬆餅由裹油方式區分為：英式裹油法與法式裹油法。
巧克力	巧克力分為調溫巧克力與非調溫巧克力。
道納司	分為酵母發酵道納司、蛋糕道納司、麻花道納司……等。
餅乾	分為麵糊類餅乾與乳沫類餅乾。 麵糊類餅乾細分為：軟性餅乾、脆硬性餅乾、酥脆性餅乾、鬆酥性餅乾……等。 乳沫類餅乾細分為：海綿類餅乾與蛋白類餅乾。 麵糊類餅乾配方成分多寡對於口感之影響： 油＞糖＝鬆；油＝糖＝脆；油＜糖＝硬。

二、世界知名點心

1. 奧地利點心：林芝蛋糕（Linzer Torte）、沙哈蛋糕（Sacher Torte）、鹿背蛋糕（Belvederre Schnitten）、蘋果酥捲（Apfel Strudel）。
2. 法國點心：瑪德蕾（Madeleines）、皇冠泡芙（Brest）、嘉烈德（Galette）、聖馬克蛋糕（Saint-Marc）、可莉露（Canneles）。
3. 義大利點心：油炸脆餅（Frappe）、提拉米蘇（Tiramisu）、義大利脆餅（Biscotti）。
4. 德國點心：年輪蛋糕（Baum-Kuchen）、史多倫（Stollen）、黑森林蛋糕（Schwarz Walder-Kirsch Torte）。
5. 瑞士點心：核桃塔（Engadiner Nuss Torte）。

黑森林蛋糕（Schwarz Walder-Kirsch Torte）裝飾原料爲巧克力、黑櫻桃、鮮奶油及櫻桃酒（而非蘭姆酒）。

法國名點聖馬克蛋糕（Saint-Marc）其蛋糕表面裝飾原料爲蛋黃與砂糖。

製作傳統維也納沙哈蛋糕（Sacher Torte）其條件需要三種東西：巧克力翻糖（Schokoladan Konserveglasur）、黃杏桃果醬、蛋糕體內含純巧克力。在製作沙哈蛋糕操作要點是：黃杏桃果醬披覆蛋糕體然後巧克力翻糖再披覆蛋糕體，而非嘉納席披覆蛋糕體。

可莉露（Canneles）內含的酒類爲：蘭姆酒。

製作法式西點時常使用的材料「T.P.T.」是指杏仁粉1：糖粉1。此T.P.T.爲法文tant pur tant的縮寫，指1：1的意思，例如：杏仁T.P.T.就是杏仁粉：糖粉＝1：1。

咕咕洛夫（Kouglof）其產品名稱來自模型名。

第二節　蛋糕分類

蛋糕依據使用原料，攪拌方法和麵糊性質的不同一般分爲三大類：一、麵糊類（butter type）；二、乳沫類（foam type）；三、戚風類（chiffon type）。如表二所示，乳沫類又細分爲：以蛋白製作的天使蛋糕與全蛋製作的海綿蛋糕。至於製作方法，麵糊類之主要製作方法爲：糖油拌合法、粉油拌合法與直接法；天使蛋糕製作方法分爲加油水法與不加油水法；海綿蛋糕製作方法分爲：全蛋海綿法、SP海綿蛋糕、分蛋海綿法、指形蛋糕法與法式杏仁法；戚風類製作方法分爲：傳統戚風法、燙麵法、水浴蒸烤法、添加杏仁膏與添加巧克力等。

表二　蛋糕分類及攪拌方法

	蛋糕			
大分類	麵糊類	乳沫類		戚風類
細分類		天使蛋糕	海綿蛋糕	
攪拌方法	糖油拌合法	加油水法	全蛋海綿法	傳統戚風法
	粉油拌合法	不加油水法	SP海綿蛋糕	燙麵法
	直接法		分蛋海綿法	水浴蒸烤法
			指形蛋糕法	添加杏仁膏
			法式杏仁法	添加巧克力

第三節　建立西點蛋糕基本配方架構

筆著個人認爲在千變萬化的西點蛋糕之中，想學西點蛋糕，首先在每類西點蛋糕中默記一個代表性的配方架構，而此配方架構最好以烘焙百分比呈現，以便將來與其他配方比較。雖然默記配方對於初學者有點生硬與無趣，但是如果心裡沒有配方，當看到別人的配方時，就無法分析與比較。

一、泡芙皮配方架構

表三 泡芙皮配方架構

材料	百分比
水	125
鹽	2
沙拉油	75
高筋麵粉	100
全蛋	180
合計	482

備註：
1. 泡芙皮配方中不含糖。
2. 製作泡芙時，鹽不是必要材料。
3. 泡芙配方簡易記憶法：麵粉1：油脂1：水1：蛋2。
4. 泡芙配方中蛋的最少用量不能低於100%，否則會影響體積。

二、布丁配方架構

表四 布丁配方架構

材料	百分比
鮮奶	100
細砂糖	15
鹽	0.2
香草精	0.1
全蛋	40
蛋黃	20
合計	175.3

三、派皮配方架構

表五　派皮配方架構

材料	百分比
高筋麵粉	50
低筋麵粉	50
白油	65
糖	3
鹽	2
碎冰	30
合計	200

備註：派皮油脂用量應為40～80%。

四、塔皮配方架構

表六　塔皮配方架構

材料	百分比
糖粉	40
奶油	60
鹽	0.5
全蛋	10
低筋麵粉	100
發粉	0.5
合計	211

五、鬆餅配方架構

表七　鬆餅配方架構

材料	百分比
高筋麵粉	100
鹽	1
細砂糖	3
水	48
蛋	7
醋	2
白油	10
裹入油	85
合計	256

備註：鬆餅麵糰配方中加蛋的目的為：增加產品顏色與風味。

六、西點蛋糕餡料配方架構

西點蛋糕餡料中有多款常用基本餡料，做基礎可變化出更多種餡料及點心，其中除了奶油霜外，以安格列斯餡、炸彈醬與布丁餡的應用最多且最廣，其配方架構比較如表八所示，以此三種餡料當基底，再添加不同的材料，可衍生出更多樣化且豐富口感的餡料。

表八　安格列斯餡、炸彈醬與布丁餡配方架構比較表

材料	安格列斯餡（Crème Anglaise）	炸彈醬（Pâte à bombe）	布丁餡（Crème Pâtissière）
牛奶	68	0	68
蛋黃	16	36.5	13.5
細砂糖	16	48.5	13.5
水	0	15	0

材料	安格列斯餡（Crème Anglaise）	炸彈醬（Pâte à bombe）	布丁餡（Crème Pâtissière）
澱粉	0	0	5
合計	100	100	100

安格列斯餡（Crème anglaise）+打發鮮奶油+凝膠材料=芭芭露（Crème bavarois）
+奶油霜=英式奶油霜（Crème au beurre Anglaise）

炸彈醬（Pâte à bombe）+白酒或香檳=沙巴勇餡（Crème sabayon）
+打發鮮奶油=蛋乳凍（Parfait）

布丁餡（Crème Pâtissière）+打發鮮奶油=布丁鮮奶油餡（Crème diplomate）
+義大利蛋白糖=吉布思餡（Crème chioust）
+奶油=慕斯林餡（Crème mousseline）

三種餡料作法、口感與特性之差異：

1. 安格列斯餡：作法是將牛奶、糖與蛋黃一起隔水加熱到85℃。屬於較濃稠的液態，冷卻後會較溫熱時濃稠，此乃由於蛋黃內的油脂冷卻後變硬所造成，但是冷熱下的狀態差異不大。
2. 炸 彈 醬：作法是將水與糖一起煮到115℃，沖入已稍打發蛋黃中攪拌到冷卻，呈現充滿空氣感的慕斯狀，冷卻後會較溫熱時濃稠，這是因爲炸彈醬中的熱糖漿冷卻而變得黏稠。
3. 布 丁 餡：作法是將牛奶與糖一起加熱，沖入蛋黃與澱粉液中，再煮到糊化。由於配方內含有澱粉且製程中將澱粉加熱至糊化，故布丁餡在溫熱時的狀態較前兩者更爲濃稠，而冷卻後呈現近乎固態，需經過攪拌才會重新恢復柔軟順滑的口感，此特性與前兩者差異最大。

安格列斯餡和布丁餡都屬於卡士達餡（Custard），卡士達是泛指經過烹調的蛋、奶混合物，在歐洲的飲食歷史中存在已久。然而現在的「卡士達」這個名詞更常用來稱呼添加了澱粉的蛋、奶混合物，所以布丁餡也常被稱爲「卡士達餡」。

七、甘納許（Ganache）配方架構

Ganache中文譯作「甘納許」或「甘那許」，甘納許是什麼？簡單來說，就是巧克力與鮮奶油的混合物，但是使用的巧克力並不限於黑巧克力，用牛奶巧克力或白巧克力也行，甘納許最常用來當做手工巧克力的內餡或是蛋糕淋面，也可以在蛋糕上面擠線條當作裝飾，它比一般巧克力柔軟許多，通常有著口感滑順、易融化的特質。甘納許著重於表現巧克力的原味，使用的巧克力品質會直接影響成果的好壞；而甘納許的口感則會隨著鮮奶油用量的增加而愈細緻、滑順。不少業者爲了使甘納許味道更爲豐富多變，會在配方中增添風味，像是常見的酒、茶、香料等類的松露巧克力或生巧克力都是。然而，並不是每樣東西都適合加入甘納許中，其中仍牽涉其他物質對於巧克力可能產生之影響。

在製作之前需要有一定程度的了解才能降低失敗的可能性。首先，在開始之前，確定您了解以下要點：

(一) 巧克力忌水的特性。

(二) 甘納許的製作基本上是由三大要素構成：巧克力、鮮奶油（或奶油）、液態糖，這些要素各有其用途。

1.巧克力的主要用途當然是作爲主體、提供主味。

2.鮮奶油或奶油則是讓整體口感軟化，提供奶香。

3.液態糖負責甜度、水分控制、質地維持等工作。

接著進入重點，也就是甘納許的調味。用於調味的材料其實不限，固態、液態皆可，採後者時盡量能以低水分、高濃度的材料爲主。

以下是常用調味料使用需注意之處：

(一) 香料、乾燥香料（包括茶葉等）：用於甘納許調味保險無虞，通常是與鮮奶油一起加熱，讓鮮奶油吸收其香氣，過濾後再將調味鮮奶油加入巧克力，並攪拌成甘納許。如果希望香料味道更爲濃烈，可以提早將香料加入鮮奶油之中，浸泡過夜，隔日再處理鮮奶油。

(二) 果泥：千萬不可直接加入水分含量豐富之水果，可能會導致油水分離。若想添加水果風味，就用高濃度之果泥，與鮮奶油一起加熱，加入巧克力中攪拌成甘納許。切記：果泥本身含水量不可多，倘若過

多，要先濃縮後再使用。加入果泥時，鮮奶油應減半使用，也就是從平常「巧克力：鮮奶油 = 2：1」改成「巧克力：鮮奶油：果泥 = 4：1：1」，隨著需求不同，可自由更改。

(三) 酒類：酒類基本上有兩個時機可以加入，一是在鮮奶油加熱完畢，在旁略為降溫後添入；二是於甘納許攪拌完成後加入，但需注意酒之溫度不可過低（理想為26℃以上），否則容易造成巧克力油水分離。酒類由於含水量極高，食譜之其他原料必須隨之做更動，否則一樣容易造成油水分離。

以下有一簡單公式，可以幫助初學者設計屬於自己酒類甘那許食譜。製作者可自行嘗試調整配方－

黑巧克力（牛奶巧克力、白巧克力）：鮮奶油：液態糖：酒：奶油 = 20（25）：10：3：2：1。

巧克力：是整個甘納許的基礎，提供主體味道與架構。巧克力在食譜中比例愈高，甘納許成品則愈硬；可可脂含量愈高的巧克力成品亦會愈硬。牛奶巧克力與白巧克力因為添加奶粉（尤其是後者），其中含有油脂成分較多、固態成分較少，因此甘納許成品會較等量之黑巧克力甘納許軟。在使用牛奶巧克力、白巧克力時，通常會減少鮮奶油或增加巧克力在配方中的比例，以免質地過軟。

鮮奶油：提供了水分及乳脂，使巧克力軟化成帶乳香的甘納許。由於鮮奶油中含有不少水分，甘納許有溼潤、濃稠的特質。其中的乳脂因為融點低於口腔溫度，有助於化口性，使甘納許有入口即化的特性。鮮奶油量與甘納許的軟硬度成正比——鮮奶油愈多，甘納許則愈軟。

奶油：很多人似乎覺得配方中比例不高、用量不大的奶油準備起來很麻煩，但奶油有著一種鮮奶油無法取代的特性，那就是奶油具高含量乳脂。鮮奶油中的脂肪通常介於32-38%，奶油中的脂肪則高達82%以上。乳脂最大的功用在於提供「化口性」，假設有兩配方，其中一者全用鮮奶油，另一個扣除部分鮮奶油，以等量奶油取代，後者甘納許成品入口後會較易融化；前者的甘納許質地上有可能比後者軟（也有可能不會，這牽涉到比例），但入口的融化速率會慢於添加奶油之甘納許。簡單來說，單純使用鮮奶油的甘納許在口中停留時間較久、較濃稠；額外添加奶油的甘納許在口中融化較快，口感較具液態感。

製作手工巧克力很大的重點就是在鮮奶油與奶油的用量間抓到平衡，調出理想的味道及口感。奶油因為含水量少，因此可取代鮮奶油中的水分，延長巧克力產品之壽命；另外，在添加高含水液體時（如酒、果泥），我們通常會因為總體水分考量，降低鮮奶油用量。此時應酌量加入奶油，以彌補鮮奶油原有之脂肪，使配方得以平衡。

轉化糖（及其他糖類）：轉化糖的功用並不只是提供甜度，它同時具有保溼、控水、增加滑順口感、延長保存期限的功能。很多人會因為怕甜所以選擇不加，其實也無傷大雅，但成品盡量在一個禮拜內用畢；另外，在含水量高的配方中仍建議添加糖類，如此水分才會呈穩定狀態，否則很容易變質走味。

酒與果泥等液態調味：它們的功用不外乎是提供味道，其中高含量的水會造成甘納許質地軟化。處理不當時，如溫度過低、用量過多，可能造成油水分離現象。酒類因為酒精關係，有助延長巧克力之壽命。

八、麵糊類蛋糕簡要配方架構

最傳統麵糊類蛋糕配方基本架構：油脂100，砂糖100，全蛋100，麵粉100為主原料，再添加其他所需之副原料混合經烤焙所得之成品。當然市場日益競爭時代，必須研發更具特色產品，研發過程必須考量原料特性的搭配，例如乾性材料、溼性材料、柔性材料、韌性材料及香味材料。

表九 麵糊類蛋糕簡要配方架構

材料	百分比
低筋麵粉	100
細砂糖	100
全蛋	100
奶油	100

九、麵糊類蛋糕詳細配方架構

首先麵糊類蛋糕區分爲高成分與低成分蛋糕，主要以糖量多寡區分材料，其界線爲100。若糖量高於100則爲高成分，反之則爲低成分。另外此麵糊蛋糕又分爲輕奶油蛋糕與重奶油蛋糕，主要依配方中油脂添加量而訂，若油脂含量30%～60%，則爲輕奶油蛋糕；油脂含量40%～100%，則爲重奶油蛋糕；中間交集部分，就看發粉含量，如果發粉含量6%～4%則爲輕奶油蛋糕；發粉含量2%～0%則爲重奶油蛋糕；重奶油蛋糕又可分爲高成分、中成分與低成分，其主要區分材料爲油脂，如果配方中油脂含量40～60%爲低成分，油脂含量61～80%爲中成分，油脂含量81～100%爲高成分。麵糊類蛋糕配方平衡公式整理如表十所示。

表十 麵糊類蛋糕詳細配方架構

材料	低成分配方	高成分配方
麵粉	100%	
糖	糖≦100%	糖＞100%
鹽	2%～3%（糖量愈多則鹽量愈多）	
油脂	輕奶油：30%～60%	重奶油：40%～100%
輕奶油發粉	輕奶油：6%～4%（油脂用量愈多，發粉添加量愈少）	
重奶油發粉	重奶油：2%～0%（油脂用量愈多，發粉添加量愈少）	
蛋	蛋＝油 × 1.1	
總水量公式	（實際糖量＋係數）＋（基準糖量 − 實際糖量）/2＝蛋＋奶水	
輕奶油基準糖量	基準糖量為100%	基準糖量為120%
輕奶油係數	15	25
重奶油基準糖量	基準糖量為100%	
低成分重奶油	油脂含量：40～60；公式之係數：0	
中成分重奶油	油脂含量：61～80；公式之係數：5	
高成分重奶油	油脂含量：81～100；公式之係數：10	

備註：
1. 麵糊類奶油蛋糕中油脂為麵粉含量80%時視為重奶油蛋糕，對麵粉含量35%時視為輕奶油蛋糕。
2. 麵糊類蛋糕配方平衡時，配方中的水量，輕奶油蛋糕較重奶油蛋糕多。
3. 重奶油蛋糕之配方中，蛋是主要溼性原料。

十、海綿蛋糕配方架構

表十一　海綿蛋糕配方架構

材料	百分比	使用說明
低筋麵粉	100	
細砂糖	100	砂糖比率愈高，雞蛋氣泡狀態愈穩定。
全蛋	166	蛋量愈多，蛋糕愈柔軟，蛋量愈少，蛋糕愈堅硬。如果添加蛋黃30，則成品組織較柔軟。蛋的用量增加，則蛋糕膨脹性增加。
鹽	1	鹽具有緩和甜度及提味效果。
沙拉油	40	亦可用油20，奶水20一起以取代油40。 液態油脂可以降低蛋糕之韌性且使組織柔軟。
合計	407	

備註：製作海綿蛋糕時，油脂不是必要材料。

十一、SP海綿蛋糕配方架構

表十二　SP海綿蛋糕配方架構

材料	百分比
低筋麵粉	100
細砂糖	100
全蛋	235
鹽	1
泡打粉	1
SP	6
沙拉油	35
牛乳	35
合計	513

備註：
1. SP之重要成分為蔗糖酯。
2. SP海綿蛋糕麵糊攪拌後因為有SP乳化安定劑，因此比較不容易消泡。

十二、不添加油、水之天使蛋糕配方架構

表十三 不添加油、水之天使蛋糕配方架構

材料	百分比
低筋麵粉	100
細砂糖	180
蛋白	300
鹽	2
塔塔粉	2
合計	584

備註：
1. 若以檸檬汁取代塔塔粉，其用量為10%。
2. 若此天使蛋糕配方以實際百分比呈現，則塔塔粉與鹽的總和為1%。

十三、添加油、水之天使蛋糕配方架構

表十四 添加油、水之天使蛋糕配方架構

材料	百分比
蛋白	250
鹽	3
細砂糖	128
檸檬汁	13
低筋麵粉	100
橘子水	81
沙拉油	50
合計	625

備註：添加油、水之天使蛋糕組織比較柔軟且溼潤。

十四、戚風蛋糕配方架構

表十五　戚風蛋糕配方架構

	材料	百分比
麵糊	低筋麵粉	100
	細砂糖	20
	蛋黃	100
	鹽	2
	沙拉油	70
	奶水	70
	發粉	2
乳沫	蛋白	200
	塔塔粉	1
	細砂糖	120
	合計	685

第四節　了解各原料增減對產品品質如何影響

在蛋糕原料中，依材料狀態分爲乾性材料與溼性材料；依材料性質分類，則區分爲柔性材料與韌性材料，柔性材料增進西點蛋糕柔軟性，但太多則太柔軟無法挺立；韌性材料加強西點蛋糕韌性及彈性但太多則西點蛋糕乾而硬。乾性材料如：麵粉、糖、奶粉、可可粉、鹽、發粉等；溼性材料如：奶水、雞蛋、糖漿等；柔性材料如：油脂、糖、蛋黃、發粉、小蘇打粉等；韌性材料如：麵粉、奶粉、蛋白、可可粉、鹽等；香味材料如：糖、奶水、油、蛋、可可粉、香料。爲方便讀者一目了然。整理如表十六所示。

表十六 西點蛋糕原料特性分類

	材料分類	材料項目
材料狀態	乾性材料	麵粉、糖、奶粉、可可粉、鹽、發粉
	溼性材料	奶水、雞蛋、水、蜂蜜、糖漿
材料性質	柔性材料	糖、蛋黃、糖漿、油脂、膨大劑、乳化劑、醋、酵母、蜂蜜、發粉
	韌性材料	麵粉、奶粉、蛋白、鹽
香味材料		糖、奶水、油、蛋、可可粉、堅果、香料

備註：蛋糕配方內如韌性原料使用過多，出爐後的成品表皮堅硬。

第五節　西點蛋糕製程原理及製作過程中的結構變化

一、泡芙製程原理及在製作過程中的結構變化

(一) 油脂與水煮沸並不斷攪拌，加入麵粉後，繼續攪拌煮至麵粉完全膠化，麵粉產生糊化現象，麵粉糊化後產生黏稠性。

(二) 分次拌入雞蛋，將其黏性與彈性調到最適當狀態。

(三) 適當的黏彈性麵糊，在攪拌過程中，將氣體包入麵糊中形成氣泡。

(四) 此含有氣泡的麵糊進爐烤焙時，氣泡中氣體受到熱而膨脹，另外配方中水受熱後變成水蒸氣。麵糊在烤焙過程中如果產生小油泡，主要是因爲麵糊調製時油水乳化情形不良。

(五) 由於麵糊具有適當黏性與彈性，因此被氣泡及水蒸氣撐人時，形成空心狀（麵糊具有適當黏性與彈性是製作泡芙成敗關鍵，若雞蛋添加不足，麵糊太硬則泡芙脹不起來；反之，如果雞蛋添加太多，麵糊太稀，無法包住氣泡及水蒸氣，泡芙呈現扁平狀，皆無法形成空心泡芙）。

(六) 當繼續加熱時，糊化後的澱粉，水分漸漸蒸發而凝固。麵粉與雞蛋中的蛋白質，也是受熱凝固，而一起構成泡芙的殼（烤焙泡芙也是製作

泡芙另一個重要成敗關鍵，必須等到泡芙殼結構穩定才能打開爐門及出爐，否則熱漲冷縮，出爐後就無法保持完整的泡芙殼）。

二、布丁及蒸烤奶酪製程原理及在製作過程中的結構變化

(一) 雞蛋與鮮奶混合形成蛋液，蛋黃成分中的油脂及卵磷脂，與鮮奶形成乳化狀態。

(二) 蛋液在蒸烤過程中，雞蛋的蛋白質受熱變性而凝固。

(三) 乳化狀態的蛋液，形成綿密的口感。

三、派及塔皮製程原理及在製作過程中的結構變化

(一) 麵粉與水攪拌後形成具有麵糰筋性的麵糰。

(二) 此麵糰由於含有彈性功能的麥穀蛋白（Glutenin）與具有黏性功能的醇溶蛋白（Gliadin），形成麵糰具有可塑性。

(三) 麵糰經過冷藏鬆弛，油脂產生低溫固化現象，麵糰筋性在鬆弛期間蛋白質間鍵結重新組合，讓派皮或塔皮可塑性增加，以便於麵糰整型。

(四) 整型後麵糰入爐烤焙時，麵粉中澱粉吸水而糊化（Gelatinization），天然澱粉糊化溫度爲55～70℃，澱粉糊化後包圍著麵糰筋性，讓麵糰筋性更穩固。

(五) 烤爐繼續加熱，麵糰筋性受熱蛋白質凝固，澱粉糊化後水分漸漸蒸發而形成固態。

(六) 當澱粉中多餘水蒸發後，即爲烤焙終點。

四、慕斯製程原理及在製作過程中的結構變化

(一)含吉利丁成分之慕斯在製作過程中的結構變化

1.配方中液態材料加熱後拌入吉利丁。

2.吉利丁溶於溶液中。

3.拌入已打發的鮮奶油。

4.冷卻慕斯時，藉由吉利丁低溫凝固現象，將慕斯體形成半固態狀。

(二)含巧克力成分之慕斯在製作過程中的結構變化

1.巧克力融化變成液態，與配方其他材料混合。

2.拌入已打發的鮮奶油。

3.冷卻慕斯時，藉由巧克力低溫凝固現象，將慕斯體形成半固態狀。

五、鬆餅製程原理及在製作過程中的結構變化

(一) 麵粉加水形成具有筋性的麵糰，由於麵糰筋性具有黏彈性，因此麵糰具有可塑性。

(二) 具有可塑性麵糰，包入含有水分的裹入油後形成多層次麵皮。

(三) 此多層次含油之麵皮入爐烤焙時，油脂中水分受熱變成水蒸氣。

(四) 油脂中水蒸氣撐開麵皮，麵皮因此而脹高，形成多層次麵皮之組織。

(五) 麵皮之麵粉中澱粉吸水而糊化，澱粉糊化後包圍著麵糰筋性。

(六) 烤爐繼續加熱，麵糰筋性受熱蛋白質凝固，澱粉糊化後水分漸漸蒸發而形成固態。

(七) 當澱粉中多餘水分蒸發後，即爲烤焙終點。

六、麵糊類蛋糕製程原理及製作過程中的結構變化

(一)麵糊類蛋糕膨發原理

1.由雞蛋等溼性材料中所含的水分，在烤箱內因高溫而變成水蒸氣，使得體積變大。

2.攪拌器混拌奶油，也將空氣攪打至奶油當中，在奶油中形成分散的氣泡。氣泡在烤箱內因高溫而膨脹，使得體積變大。

(二)麵糊類蛋糕支撐蛋糕體形成柔軟度及彈力之成分

支撐著麵糊類蛋糕膨脹的柔軟度及彈力成分：

1. 麵粉

蛋白質：麵糊中拌入麵粉後，麵粉中的蛋白質（醇溶蛋白與麥穀蛋白）會形成具有黏性和彈力的麵糰筋性，彷彿包圍住澱粉粒子般地形成廣大的立體網狀。麵糰筋性在烤箱內因加熱而凝固，其作用在於連結麵糊並使其保有適度的彈力，也是使膨脹的麵糊不會萎縮的支撐用骨架，以建築物而言，麵糰筋性的作用就像是鋼筋般的效果。

澱粉：在烤箱內隨著溫度增高，澱粉粒子會吸收雞蛋等溼性材料中的水分，膨脹並變得柔軟，產生糊狀黏性現象即所謂的糊化。澱粉

糊化後包圍著麵糰筋性，讓麵糰筋性支撐蛋糕體更穩固，以建築物而言，澱粉的作用就像是水泥般的效果。當澱粉糊化後繼續加熱，水分蒸發到蛋糕體不具麵糊狀態即烘烤完成。麵粉中的蛋白質與澱粉在烤焙過程中形成支撐蛋糕主體。

2. 雞蛋

雞蛋的水分，主要是作用於澱粉的糊化及使麵糊膨脹。蛋白質遇熱會凝固，對蛋糕體支撐亦有所貢獻。此外蛋黃中含有油脂與卵磷脂，可促使蛋糕體具有柔軟性。

3. 砂糖

藉由其吸溼性使得蛋糕能有潤澤的口感，可防止澱粉老化並保持蛋糕柔軟的作用。

4. 奶油

因含有較多的奶油，可藉由奶油的油脂使烘烤完成的蛋糕能有潤澤的口感。並且也藉保溼性而讓蛋糕可長時間保存。

(三)麵糊類蛋糕在烤焙過程中的結構變化

1. 麵糊放入蛋糕模，進入烤箱後，熱源由麵糊的外側開始加熱傳導。首先會在麵糊的表面形成薄膜。
2. 麵糊當中的空氣和水分因加熱而增加體積，麵糊開始膨脹，水蒸氣雖然會向外排出，但側面及底部都被模型所阻擋。另一方面，麵糊的表面因加熱形成薄膜而封住表面，雖然還是未熟透的階段，某個程度的水蒸氣被鎖在麵糊當中，而使得體積增加。
3. 隨著受熱時間的增加，多餘的水蒸氣向外排出因而會向上推擠，麵糊就會在蛋糕正上方衝出裂紋以排出水蒸氣，最後會在蛋糕體中央形成裂紋。
4. 當蛋糕體中央裂開的麵糊，多餘水分蒸發後，即爲烤焙終點。

七、乳沫類與戚風類蛋糕製程原理及製作過程中的結構變化

(一)乳沫類與戚風類蛋糕體積膨發原理

利用雞蛋中強韌和變性的蛋白質，在攪拌過程中蛋白質包住氣體，此

打發中蛋白質包住氣體原理：由於蛋白質中的胺基酸區分爲親水性胺基酸與疏水性胺基酸，在激烈拌打中胺基酸重新排列組合，同樣性質的胺基酸匯聚一起，意即親水性胺基酸與親水性胺基酸聚一起，而疏水性胺基酸與疏水性胺基酸聚一起，而產生泡沫，此泡沫外圍是一層親水性胺基酸，溶在水溶液中，內圍是疏水性胺基酸，包住氣體。雞蛋可以打發的性質，稱爲「發泡性」，包含在雞蛋中的空氣與配方中材料的水分，在烤爐中空氣熱膨脹與水變成水蒸氣，使麵糊體積變大，而形成膨鬆組織。再藉由澱粉糊化後再固化，與麵粉中蛋白質（麵糰筋性）以及雞蛋中蛋白質熱凝固，將體積定型，以建築物而言，澱粉就像可以使牆壁更堅固的水泥作用，麵糰筋性當支撐用骨架，就像鋼筋般的效果。

(二)乳沫類與戚風類蛋糕在製作過程中的結構變化

乳沫類與戚風類蛋糕在製作過程中的結構變化區分爲加熱前與烘烤階段

1. 乳沫類蛋糕加熱前的蛋糕麵糊

(1) 在雞蛋中加入砂糖在進行打發時，可以產生無數的氣泡。這個時候砂糖會溶入雞蛋的水分中，使氣泡薄膜厚度增加，故糖具有使氣泡穩定的作用。另外砂糖溶入雞蛋後，會阻礙氣泡的形成，因此糖會抑制雞蛋打發性。還有溫度亦直接影響打發性，溫度愈高，由於蛋白質中胺基酸反應愈活躍，打發性愈好，因此對於打發性比較差的配方，打發雞蛋時可以考慮配合增加打發溫度，當然太容易形成的泡沫，穩定性並不佳，因此加溫攪拌之溫度最好不要超過45℃。相反的對於打發性太強的配方（糖量少時），爲了讓泡沫不至於太脆弱，打發雞蛋時可以考慮降低打發溫度。

(2) 接著再拌入麵粉，麵粉的粒子會分散於雞蛋的氣泡之間，在攪拌結束時麵粉會因雞蛋的水分而變成糊狀，成爲覆蓋在氣泡周圍的狀態。

(3) 糊狀材料中，麵糊的蛋白質吸收水分，產生的麵糰筋性會包覆周圍的澱粉粒子，形成立體的網狀結構。

(4) 此時加入沙拉油或融化奶油，會分散在麵粉的糊狀中。

2. 戚風類蛋糕加熱前的蛋糕麵糊

(1) 奶水、糖與油脂經過攪拌後，首先糖溶於奶水中，再與油脂形成半乳化狀態，這時拌入麵粉，麵粉分散在此溼性材料中形成麵糊，最後拌入蛋黃，蛋黃讓麵糊中水性材料與油性材料更乳化均勻。

(2) 蛋白與糖經過激烈攪拌後，糖溶於蛋白液中，而且在攪拌後蛋白的起泡性作用產生氣泡，將氣體包入溶液中，形成泡沫狀，即為打發狀態。

(3) 打發的蛋白與蛋黃麵糊混合，即為戚風類蛋糕麵糊。

3. 烘烤階段的蛋糕麵糊

(1) 蛋糕麵糊的周圍，會因接觸到烤箱內的熱空氣而使得溫度上升。初期階段，在麵糊表面製造出薄膜是非常重要的，因為這層薄膜可以在某個程度下封鎖住內部產生的水蒸氣，這也會影響到麵糊的膨脹鬆軟。

(2) 從麵糊的周圍熱傳導至中央部分的過程，會產生以下的變化：
雞蛋氣泡中的空氣因熱膨脹而體積變大，氣泡膨脹起來。接著隨著繼續加熱，氣泡膜會保持膨脹狀態並開始凝固。
麵粉當中的澱粉粒子會吸收水分而膨脹，開始產生糊化。澱粉的糊化會產生柔軟糊狀般的黏性，在雞蛋氣泡的周圍，與膨脹的氣泡一起延展開來。
麵糊中所含的水分，會因加熱而變成水蒸氣，使得體積增加，將麵糊推展開來，與雞蛋的氣泡同樣在全體麵糊中膨脹起來。

(3) 隨著持續加熱後
麵粉當中的澱粉持續糊化，持續加熱後澱粉漸漸地凝固起來。
麵粉中的麵糰筋性（網狀結構）會因加熱而凝固支撐住膨脹起來的麵糊，成為麵糊的骨幹。

(4) 隨著加熱得持續進行，多餘的水分會排至麵糊外面蒸發掉，此即為烤焙終點。

第六節　烘焙製作環境衛生

安全衛生管理如表十七所示，表格呈現重點式提醒工作人員安全衛生注意事項，期望以扼要又清楚方式，讓從業人員能一目了然，知道在安全衛生上注意哪些事項，達到安全衛生管理目的。

表十七　工作人員安全衛生注意事項

項目	安全衛生注意事項
制服	穿著乾淨、整齊工作制服。
帽子	戴帽子並把長頭髮塞入帽內或網內。
鞋子	著工作鞋，不得穿拖鞋、涼鞋。
手部	有傷口、膿腫及患法定傳染性疾病者不得直接接觸食品（傷口須包紮好）。
指甲	不得留指甲及塗指甲油。
飾物	不得戴戒指、手錶、手鍊。
食物	不得在工廠飲食、嚼口香糖、吸菸。
操作前	先洗手並確定設備安全、器具衛生乾淨。
設備	落實保養與維護制度及確實清潔。
器具	使用後，洗淨擦乾放固定位置並確實清點。
原物料	使用後將剩餘材料放置貯存箱並擺放固定位置。
桌面	隨時保持乾淨。
地板	離開前需打掃及洗淨。
垃圾	每天工作結束馬上清理以避免蚊蟲孳生。
離開前	檢查水、電、瓦斯及門窗是否關閉。

第七節　西點蛋糕設備與器具

對於初學者需先認識設備與器具，以便溝通與應用，設備與器具如下所示。

器具介紹

工作桌

依據人體工學，工作桌的高度剛好是操作者的腰部，長時間操作，比較不會累，一般高度約為90～120公分。

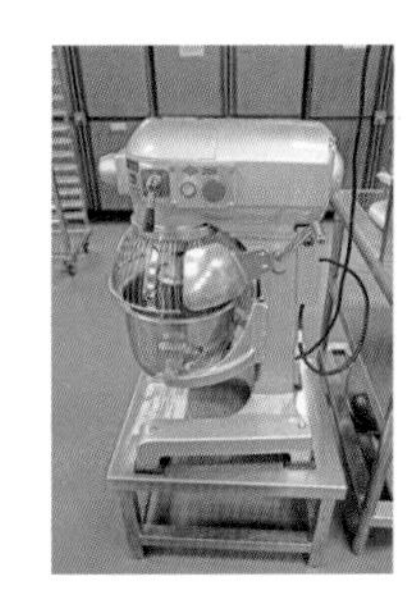

立地式攪拌機

一般教學用攪拌缸約20、10公升。

桌上型攪拌機

一般攪拌缸約5公升

槳狀攪拌器

槳狀攪拌器又稱為扁平式攪拌器，常用於攪拌麵糊類蛋糕、小西餅、西點等麵糊狀原料打發。

球狀攪拌器

球狀攪拌器又稱為鋼絲攪拌器，常用於乳沫類蛋糕、奶油霜等原料打發。

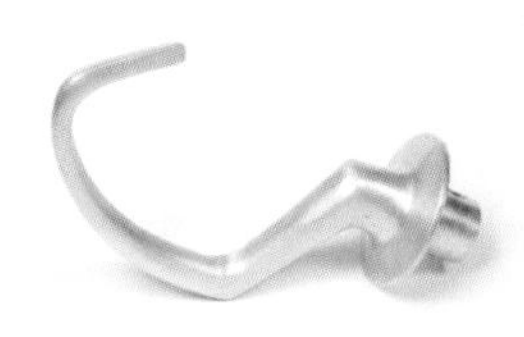

鉤狀攪拌器

鉤狀攪拌器一般用於麵糰之攪拌。

烤箱

耐熱手套

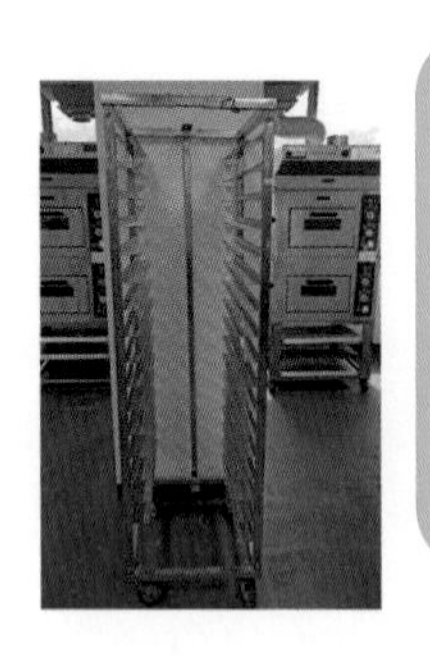

出爐臺車

壓延機

裹入油產品壓延麵糰用。

秤料臺

放置原物料，方便稱取原物料與整理。

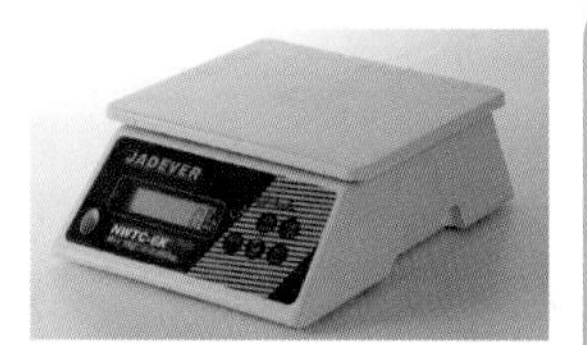

電子秤

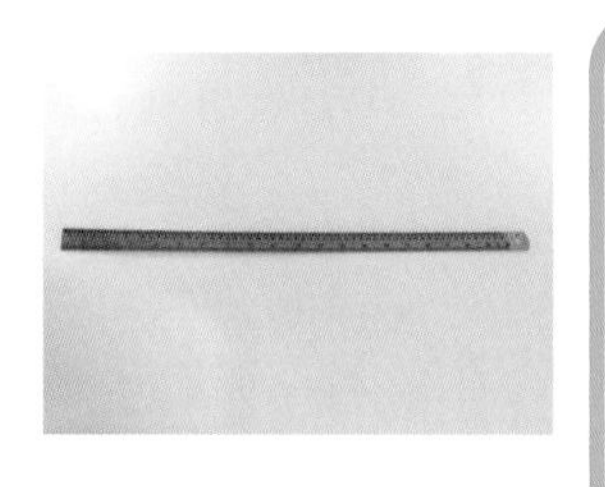

尺

溫度計

打蛋器

鋼盆

具有圓弧型底部，因無死角故可使攪拌動作順暢均稱。

量杯

大型篩網

一般常用之孔目為每平方吋30目。

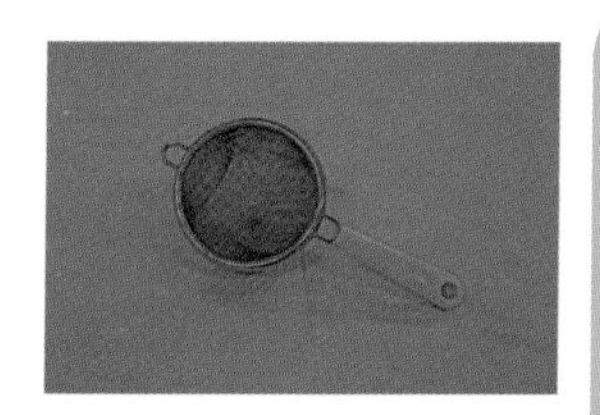

小型篩網

裝飾灑粉用。

塑膠軟刮板

刮板通常一邊是直線，一邊是弧形。直線邊用於抹平，弧形邊用於刮缸。

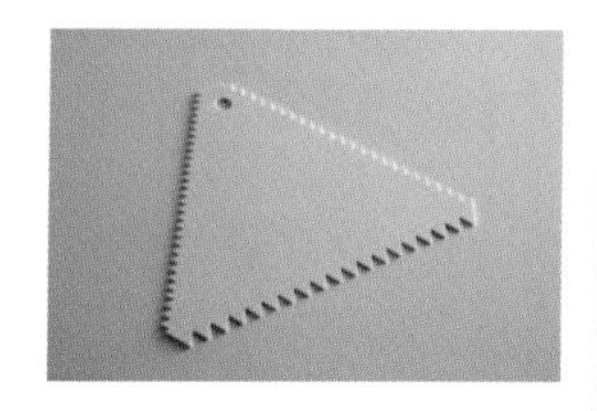

齒狀刮板

用於蛋糕裝飾，刮出整齊的波玟用。

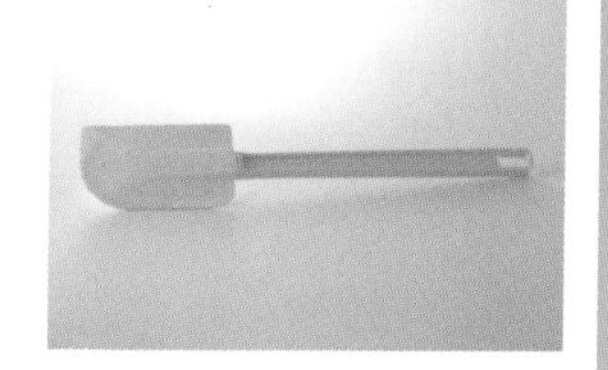

橡皮刮刀

區分為耐熱材質與不耐熱材質，因此使用橡皮刮刀攪拌加熱中麵糊前，需確定是否是耐熱材質。

擀麵棍

攪拌杓

用於高溫加熱時攪拌用。

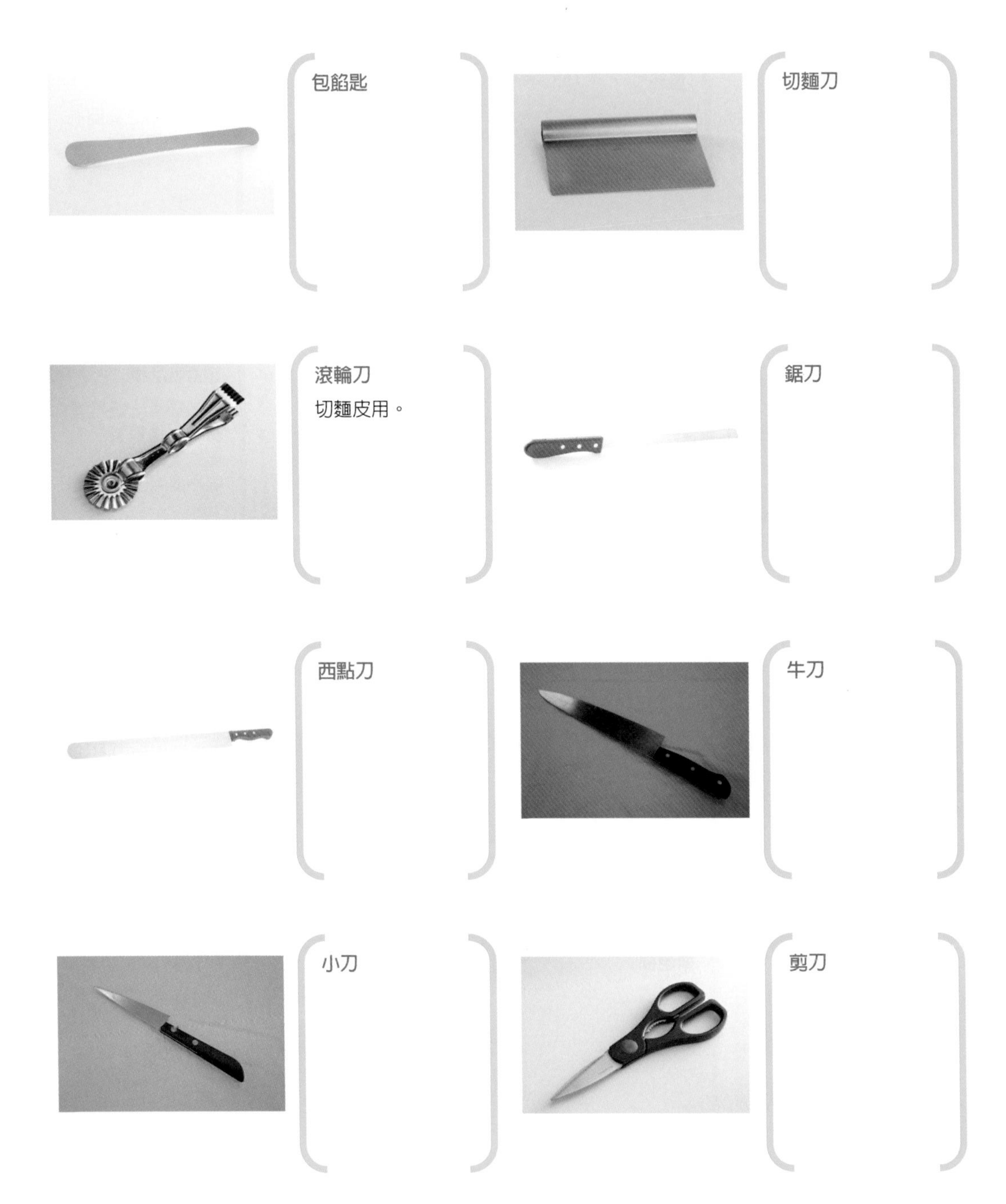

包餡匙

切麵刀

滾輪刀
切麵皮用。

鋸刀

西點刀

牛刀

小刀

剪刀

擠花袋

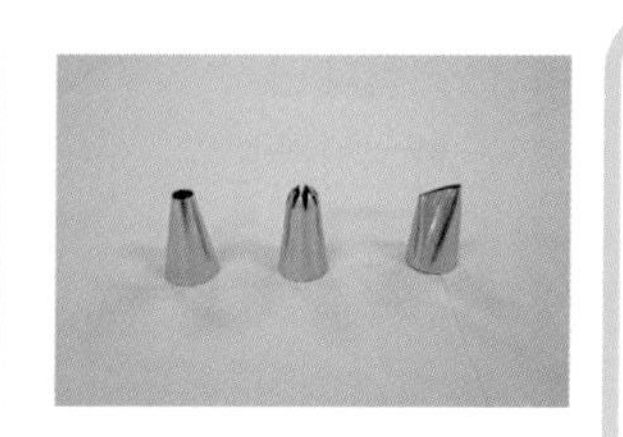

擠花嘴

毛刷

蛋糕轉臺

抹刀

巧克力刮刀

刮巧克力煙捲或秋葉用。

巧克力叉具

披覆巧克力用。

拉網刀

適用於裹油類產品，製作成網狀麵皮用。

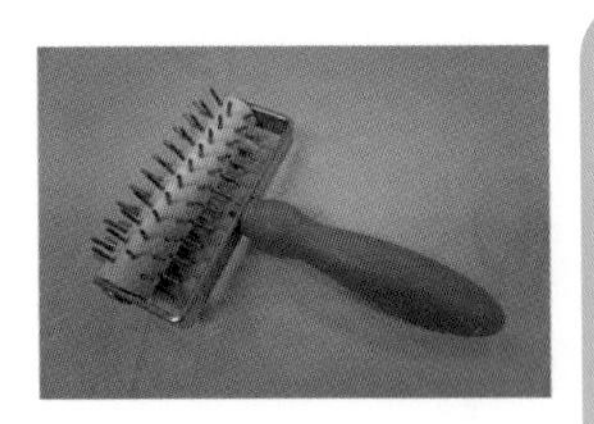

針車輪

麵皮刺洞用。

高8吋固定烤模（高7公分）

適用於麵糊量約500或550克之蛋糕製作。

矮8吋固定烤模（高4公分）

適用於麵糊量約300或350克之蛋糕製作。

8吋活動烤模（高7公分）

適用於麵糊量約500或550克之蛋糕製作。

8吋空心烤模

天使蛋糕或戚風蛋糕用。

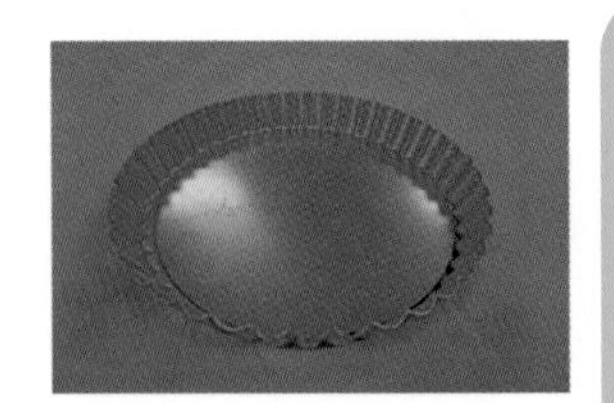

塔模

小塔模

鋁模

適用於奶酪且方便攜帶。

陶瓷杯

適用於奶酪、舒芙蕾（Souffle）。

派盤

高慕斯圈（高5公分）

適用於巧克力慕斯。

矮慕斯圈（高4公分）

適用一般慕斯或塔。

水果條烤模

長×寬×高：17.5×9×7.5cm。

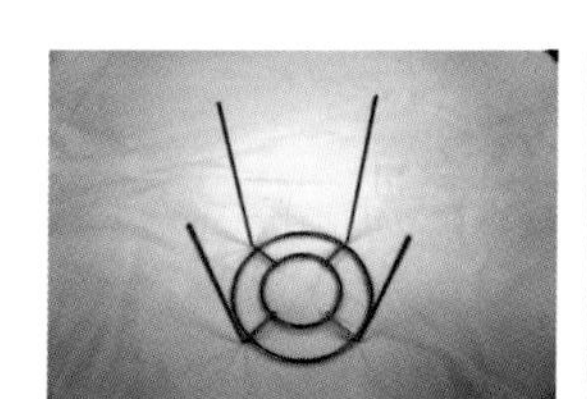

蛋糕出爐叉

適用於波士頓派。

My recipes
Baking
SODA

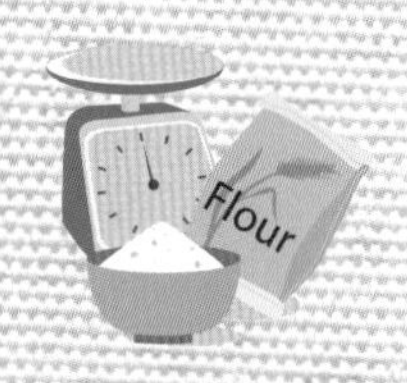

西點蛋糕原料

CHAPTER 2

熟悉原料特性與功能是製作點心的根本，而且先了解各原料屬性後再製作點心將事半功倍。一般烘焙原料依功能性區分為：韌性材料（toughener）、柔性材料（tenderizer）、膨發性材料（leavener）、著色性材料（colorizer）及香味性材料（flavoring agent）。有些原料只具有一種功能，而有些卻具有兩種或兩種以上功能，例如：糖具有柔性、著色性、增加點心甜味、餅乾的脆性等等功能。又如小蘇打除了具有調整產品酸鹼度，使產品呈鹼性，加速褐變反應，讓顏色加深外，還具有產生氣體，使點心體積膨大。了解如何使用原料外，也要知道原料貯存方法，否則不當的貯存，讓原料性質改變也無法做出好的點心。

第一節　麵粉（flour）

麵粉來自於小麥所磨成的粉，一般而言，高筋小麥（硬紅春麥）所磨成麵粉為高筋麵粉（bread flour）其蛋白質含量為12.5%以上；中筋小麥（硬紅冬麥）所磨成麵粉為中筋麵粉（all purpose flour）其蛋白質含量為11%～12%；低筋小麥（軟質白麥）所磨成麵粉為低筋麵粉（cake flour）其蛋白質含量為7%～9%。

麵粉屬於韌性材料，是形成西式點心架構的原料，主要由於麵粉中澱粉受熱糊化（gelatinization）與麵粉中蛋白質（麵糰筋性）凝固，將體積定型。

一般製作蛋糕所使用麵粉為顆粒細而均勻的低筋麵粉，因為麵糰筋性量太多，將影響蛋糕膨脹性。而且麵糰筋性太高，麵粉容易出筋，將會導致蛋糕收縮現象。在製作蛋糕時所使用低筋麵粉如果酸化處理後，使其酸鹼度pH為4.6～5.1，將會使蛋糕品質更柔軟；至於重奶油水果蛋糕，由於為了防止蜜餞水果沉澱在蛋糕底部，特別選用高筋麵粉。

製作丹麥小西餅，配方中的麵粉，如果以低筋麵粉製作，則小西餅表面紋路比較模糊，口感較酥；若以高筋麵粉製作，則小西餅表面紋路比較清晰，口感較硬脆。

製作泡芙時，配方中的麵粉，如果以低筋麵粉製作，則泡芙烤焙時膨脹性較小，泡芙成品的皮較厚；若以高筋麵粉製作，則泡芙烤焙時膨脹性較大，泡芙成品的皮較薄。至於西點的派皮，爲了達到酥及脆效果，一般選用中筋麵粉。

※麵粉之蛋白質—麵糰筋性（gluten）

當麵粉加水攪拌或揉搓時，首先由麥穀蛋白質開始吸水膨化，同時在其膨化過程中，吸收醇溶性蛋白和酸溶蛋白，及一部分可溶性蛋白，如白蛋白、球蛋白等在麵糰中構成網狀組織，這種組成的物質統稱之爲麵糰筋性。醇溶性蛋白（gliadin）有良好之伸展性，但沒有彈性。麥穀蛋白（glutenin）富有彈性，但伸展性則較差。西點蛋糕主要由於麵粉中的醇溶性蛋白與麥穀蛋白絕妙搭配，才能把氣泡及水蒸氣包住，讓體積增大，以達到組織鬆軟口感。

有些低筋麵粉有經過氯氣處理，氯氣處理後麵粉的酸鹼值（pH）較低，意即氯氣處理增加麵粉酸度，使用氯氣處理過的麵粉所製作蛋糕體積較大，蛋糕組織均勻顆粒細緻，並可增加配方內糖、油脂與奶水用量。

麵糰筋性中所含的半胱氨基酸（Cysteine）是影響麵粉氧化與熟成的重要成分。

※麵粉之醣—澱粉

麵粉澱粉之分子結構有直鏈澱粉（amylose）19～26%，分枝狀澱粉（amylopectin）74～81%。澱粉與水分混合，加熱時澱粉粒吸水脹大，產生黏稠感，即糊化現象。

※麵粉貯存條件

乾燥陰涼處，避免直接放置地板並做好防鼠措施。

第二節　油脂（fat）

一般而言，在室溫（25℃）環境，呈現液態稱爲「油」，呈現固態稱爲「脂」，爲了簡單化，統稱爲油脂。油脂就是三酸甘油脂，其結構主要由甘油與脂肪酸水解而成，由於脂肪酸之碳鏈有長短及飽和與不飽和現象，構成不同油脂有不同特性。油脂如果氧化後將產生油耗味，嚴重影響產品風味，因此油脂製作企業常常在油脂中添加抗氧化劑，如維生素E，是一種經常被使用的抗氧化劑。油脂用於蛋糕製作的功能：使麵粉蛋白質及澱粉顆粒具有潤滑作用，柔軟蛋糕；糖油拌合過程中，油脂於攪拌時能拌入空氣，使蛋糕膨大；乳化作用同時保存適量的液體，因此增加蛋糕的貯藏性與柔軟度。

脂肪酸的幾何異構物（geometric isomerism）：不飽和脂肪酸由氫原子與雙價鍵碳原子結合的方向，有兩種形式，假如雙價處的氫原子在同一方向，則稱爲順式（cis）脂肪酸；相反的雙價處氫原子在相對方向，則稱爲反式（trans）脂肪酸，一般而言，自然界存在的脂肪酸大部分都是順式脂肪酸，很少是反式脂肪酸，而人造奶油或油炸油中的反式脂肪酸，大部分是油脂的氫化作用後產生的。由於氫化過程所產生的反式脂肪酸並非天然幾何異構物，因此有些營養學家認爲動物體內並無將之分解的酵素，此反式脂肪酸可能會造成不良影響，所以食品包裝必須標示反式脂肪酸含量，以對消費者負責。

一、在西點蛋糕製作最常用的油脂包括

(一)天然奶油（butter）

奶油主要從鮮奶中分離出的油脂，是用於烘焙最具代表的油脂，因爲具有天然獨特香味，口感佳，其溶點低（約25～31℃），需冷藏貯存，但操作性不如人造奶油。

(二)人造奶油

將精製處理後油脂，依配方用量比率，把不同融點的油脂，加熱混合均勻後，進行急速冷卻並攪拌，首先油脂冷卻至約50℃，然後於幾秒鐘內經過冷卻設備（Votator）至約18℃，使高融點油脂包低融點油脂，如此不但油脂之結晶顆粒小且均勻，因而增加可塑性的範圍。經過急速冷卻設備之油脂，可以充入氮氣，使油脂產品在顏色上更爲潔白，同時於攪拌時易於打發，並增加油脂穩定性。人造奶油又以色素、香料與水分是否添加，分爲：瑪琪琳、酥油、白油等。

1. 瑪琪琳（margarine），又稱人造奶油

早在1869年法國拿破崙三世，爲補充天然奶油供不應求所發明出來

的產品。早期的人造奶油具有獨特臭味，比不上天然奶油香；近年來因煉油技術進步，設備改良快速，衛生條件水準提升，因此可說不輸給天然奶油。

比起天然奶油在可塑範圍更加寬廣，打發性、安定性等都比較好。可適用於各種溫度，有動植物性、純植物性，也有結合天然奶油的compound Butter。增加烘焙業的選擇。

一般瑪琪琳含有色素、香料與水分，其水分大約15～20%，並含有3%鹽。

2. 裹入用油（pastry margarine）

裹入用油是片狀瑪琪琳，此油脂要求特性爲：可塑性良好，假如裹入油脂太硬或脆，於折疊操作時，油脂因斷裂，無法阻隔不同層次麵糰，失去效果；反之若油脂太軟，於折疊操作時融化，滲入麵糰內，無法形成層次。

由於裹入油含有水分，烤焙時形成水蒸氣，使麵糰膨大。

3. 白油（shortening），又稱化學豬油

這種產品比人造奶油慢十幾年誕生，發明地點在美國，是爲了取代保存性、打發性不良的豬油。當時是使用硬質牛油和綿籽油爲配方開始製作。其後在氫化技術的進步，便朝向100%植物性原料去發展，眞空脫臭技術使白油外觀質感獲得大幅提升。白油不含色素、香料與水分。其特色爲；打發性佳。

用途：霜飾用、餅乾用、麵包用、油炸用等，在抱氣性、保型性、酥脆性、柔軟度、耐炸安定度展現出白油的特質。白油有別於奶油及人造奶油，基本上加工性、操作性是訴求要點，但是無臭、無色、無味使其應用範圍變得更大。

4. 雪白油（shortening）

分含水與不含水兩種，係與白油相同之產品，但雪白油精煉過程打入氮氣，油質潔白細膩，一般含水之雪白油用於蛋糕裝飾時擠玫瑰花；而不含水者多用於製作奶油蛋糕，奶油霜飾和其他高級西點。

5. 酥油（butter Oil）

將白油添加黃色素和奶油香料製成，其顏色和香味近似奶油，可普遍用在任何一種烘焙產品中，一般酥油不含水分。

(三)其他油脂

1. 豬油（lard）

豬油是白肉熬煉後經精製過程煉製的產品。保存性、打發性不佳，但烤酥性是豬油最具代表之特性。酥脆可口的蛋捲是使用微氫化的豬油，傳統的太陽餅、燒餅、中式禮餅、派等都是以豬油爲主要原料。

2. 沙拉油（salad oil）

沙拉油是由黃豆提煉而得的液體油，常用於戚風蛋糕、海綿蛋糕及泡芙等產品。

3. 油炸用油（fry oil）

成分一般主要以耐高溫的飽和脂肪酸配合維生素E抗氧化元素。使用固體油炸油比液體油炸油炸出的成品乾爽。

4. 椰子油（coconut oil）

餅乾烤焙後表面欲噴油時以精製椰子油最適合。

椰子油在油炸時很容易產生肥皂味，因此不適合油炸。

5. 鮮奶油（whipping cream）

鮮乳中乳脂肪含量在18%以上者，其可因攪拌，使體積膨脹，形成半固體狀。具有有打發性，適用於慕斯、內餡及蛋糕裝飾。可分爲植物性與動物性兩種。

(1) 動物性鮮奶油由牛乳的油脂萃取分離製成，具有香醇乳香與細緻口感。動物性鮮奶油含乳脂肪35%及鹿角菜膠0.02%，需保存於2～8℃／期限7個月（不可冷凍）。動物性鮮奶油由於奶味濃郁，常用於內餡製作或慕斯材料。製作不含糖鮮奶油（whipped cream）時，當鮮奶油爲100%，添加10～15%細砂糖，則攪拌出來的鮮奶油比較堅實。

(2) 植物性鮮奶油是由氫化植物油、糖、乳化劑、安定劑、水、鹽、香料、色素等經乳化均質而成。其打發性、穩定性、安定性皆較動物性鮮奶油佳。植物性鮮奶油含氫化棕櫚仁油35%、糖漿、酪蛋白、乳化劑、鹿角菜膠0.02%、胡蘿蔔素等。需保存於−18℃冷凍，期限一年。植物性口感較動物性鮮奶油甜，較不會有油水分離的現象，因此植物性鮮奶油常用於蛋糕之表面抹餡及擠花裝飾。如果可以選擇乳脂質含量的話，建議挑選45～48%乳脂鮮奶油較佳。

鮮奶油是一種很敏感的材料，就算只是搖晃也可能造成油水分離，在店家購入鮮奶油後，應該和保冷劑一併包妥放在保冷袋中，再拿回家，到家後需盡速保存在10℃以下的冰箱中。導致打發鮮奶油迅速油水分離而失敗原因之一，常是因爲鮮奶油在購入後到放進冰箱冷藏前這段期間的處理方式不當所致。

二、油脂的一般性質

(一)可塑性

當溫度上升時油脂會變軟，如果溫度再繼續上升，油脂就變得更軟或甚至融化掉；反之，當溫度下降時油脂逐漸變硬。太軟或過硬都將會使可塑性消失。油脂會因種類不同或調配比例變化，其融點也不一樣，就連容易操作的溫度範圍也會有所不同。

(二)打發性

油脂攪拌時，讓油脂抱住空氣的性質。像奶油蛋糕因空氣膨脹後吃起來鬆軟可口，奶油霜飾吃起來滑溜順口。奶油蛋糕、奶油酥餅在製作時多少要添加泡打粉等膨脹劑，但若使用高脂肪量配方經充分打發，利用油脂的打發性也可以做出同樣好吃的產品。在打發過程中油脂太硬或太軟都不行，必須做溫度調節。

(三)烤酥性

所謂烤酥性是讓油脂阻斷麵糰筋性的生成，產品吃起來有酥脆感，像奶酥餅乾類就是利用這種特性。

爲了使餅乾能長期保存，使用油脂應特別選擇安定性。

三、油脂貯存條件

造成油脂酸敗的因素：高溫氧化、水解作用、光照及有金屬離子存在之環境，因此貯存油脂應盡量避免以上因素發生。一般油脂存放於乾燥陰涼處並避免光線照射以免氧化；天然奶油需以冷藏或冷凍方式貯存；植物性鮮奶油應保存於冷凍（-18℃），動物性鮮奶油應保存於冷藏（2～8℃），若弄混了將嚴重影響品質。

第三節　糖（sugar）

糖是柔性原料，除了促進產品柔軟外，還是甜度的來源，另外還具有著色性功能，增加產品顏色，對於蛋糕而言，亦有促進組織結構均勻細緻效果，此外糖具有吸溼性，所以能使蛋糕有潤澤口感，還能穩定雞蛋的氣泡膜，使其較不會破裂，更可以防止麵糰筋性老化，保持柔軟等作用，延長產品保存期限。在製作小西餅，糖具有調節硬脆度的功能。

醣類依化學性質可分三大類：單醣類（monosaccharides）、雙醣類（disaccharides）及多醣類（polysaccharides）。單醣類如：葡萄糖、果糖、半乳糖、轉化糖漿等，其產生褐變反應比細砂糖快，而且在比較低的溫度即可進行，因此配方中若以單醣取代砂糖會讓產品顏色加深；雙醣類如：砂糖、麥芽糖、海藻糖（trehalose）、乳糖；多醣類如澱粉，此多醣之澱粉可以經過液化酵素（α-amylase）水解成糊精（dextrin），然後再經過糖化酵素（β-amylase）水解成雙醣的麥芽糖，此麥芽糖在經過麥芽糖酵素催化水解爲葡萄糖。

液態糖如：蜂蜜、楓糖、轉化糖漿等，比一般細砂糖更能讓產品具有保溼性，使烤好的蛋糕質感溼潤且容易捲起塑型。而且蜂蜜及楓糖具有特殊香味，深得消費者喜歡。蜂蜜的主要成分爲果糖與葡糖糖之天然糖漿，與轉化糖漿成分雷同。

一、糖的一般性質

(一)水解作用

雙醣類如砂糖是由單醣結合而成，雙醣類在水溶液中受酵素或酸的作用，再度分解爲原來結合的單醣。轉化糖漿是由砂糖轉化成的液態糖漿，其成分爲葡萄糖與果糖之混和物。

(二)甜度

每一種糖的甜度（sweetness）各不相同，以人工的品嘗味覺測試（panel test）結果，其甜度比爲：

糖種類	甜度
阿斯巴甜	150～200
果糖	173
轉化糖	130
砂糖	100
木糖醇	90
葡萄糖	74
山梨醇	50
海藻糖	45
麥芽糖	32.5
半乳糖	32.5
乳糖	16

(三)糖的吸溼性

所謂吸溼性，即能吸收水分及保持水分的性質。吸溼性材料可以加強水分的保存，保持產品較長時間的柔軟，延緩老化及延長保存時間。

吸溼性大的糖：果糖、蜂蜜、轉化糖、玉米糖漿等。

吸溼性小的糖：砂糖及含有結晶水的葡萄糖。

(四)糖與熱的敏感性

烘焙產品外表的顏色主要是糖的非酵素性褐變反應（browning

reaction）所產生，非酵素性褐變反應又區分爲焦化作用（caramelization）及梅納反應（maillard）兩類。

焦化作用（caramelization）：糖一經加熱，分子與分子之間互相結合而成分子更多的聚合物焦化而成焦糖（caramels）。果糖、麥芽糖、葡萄糖等比細砂糖敏感，易成焦糖。

梅納反應（maillard）：還原糖與蛋白質加熱，形成一種黃褐色物稱之爲類黑素（melanoidin）。果糖與葡萄糖之褐色反應比細砂糖快。

一般而言，溫度與pH值升高，褐變反應越快。因此，小蘇打是鹼性，具有促進褐變反應之功能。

糖對熱的敏感性：果糖 > 葡萄糖 > 砂糖 > 乳糖。

(五)膠體的軟化作用

糖具有抑制澱粉膠體的形成，糖軟化膠體及減弱膠體之凝結性，糖愈多影響愈大，因此煮布丁餡時，如果配方內之砂糖超過澱粉三倍，應將超過三倍多餘之砂糖，加在已煮好之澱粉糊或膠體之後階段，以免一起煮而影響到膠體之凝結性。

(六)促進小西餅在烤爐內產生擴展及裂痕。

(七)砂糖的濃度愈高，其沸點也相對地升高。

(八)砂糖的溶解度會隨著溫度的升高而增加。

(九)轉化糖酵素可把蔗糖轉變成葡萄糖與果糖。

(十)砂糖爲雙醣類不具有還原性；葡萄糖、果糖、半乳糖等爲單醣，具有還原性。

(十一)翻糖（Fondant）爲糖加水或少許葡萄糖漿加熱至115℃，冷卻至60～70℃再快速攪拌使糖成爲白色結晶，即爲翻糖。

(十二)杏仁膏（Marzipan）分爲餡料用及可塑性細工用兩種，其成分分別爲：餡料用（杏仁2：砂糖1）；可塑性細工用（杏仁1：砂糖2）。

二、糖貯存條件

乾燥陰涼處並做好防止螞蟻等昆蟲措施。

備註：調煮糖液時，水100g，砂糖100g在20℃狀態其糖度約爲50%。

第四節　雞蛋（egg）

一顆蛋大約50～60克，蛋白與蛋黃比率約2：1，蛋白爲韌性材料；蛋黃爲柔性材料，因爲蛋黃含有卵磷脂（lecithin），具有乳化功能。蛋的固形物比如下表：

	固形物	水	比率	
全蛋	26%	74%	1	3
蛋白	12.5%	87.5%	1	7
蛋黃	45～50%	50～55%	1	1

一、雞蛋的特性

1. 凝固性：蛋藉著加熱可使其所含的蛋白質凝固，蛋的熱變性爲不可逆，通常蛋白在57℃開始變性，約70℃完全凝固成塊。蛋黃的變性溫度較高，蛋黃在62℃開始變性，70℃失去流動性，但不會馬上凝固，而是要等一段時間。蛋的熱凝膠性受糖和酸的濃度而影響，糖和酸濃度增加，蛋的熱凝膠溫度隨著增加。一般布丁就是利用蛋的凝固特性。
2. 蛋白發泡性：蛋白的打發爲其所含的蛋白質受機械變性作用形成。意即將蛋白攪拌，蛋白質將包入空氣，則蛋白就呈現發泡狀。蛋白粉的打發性不如殼蛋蛋白。蛋白的黏度高者打發慢，但泡沫的穩定性高。蛋白糖（meringue）的體積和穩定度並不是隨著糖比例增加而增加，因爲若加入過量的糖，蛋白濃度過厚，性質堅韌而乾燥，無法拌入足夠的空氣，體機會小。
3. 蛋黃乳化性：所謂乳化就是將水和油均勻地混合在一起，而蛋黃中含有卵磷質與脂蛋白，就是促成乳化作用的成分。
4. 蛋黃高油脂含量：蛋黃中油脂含量爲蛋黃的33%，因爲油脂是柔性材料，可促進產品柔軟性增加。

5. 增加光澤：塗抹在餅乾和派上，可讓烘烤出的顏色具有光澤。

二、蛋使用於蛋糕中的功能

1. 黏結作用：蛋白質變性時，會形成安定的凝膠結構，可以承受其他的材料，成為複雜的網狀結構。
2. 膨大作用：蛋白攪拌時所形成的氣室，會因受熱而膨脹，增大蛋糕的體積。
3. 柔軟作用：蛋的柔軟作用主要來自蛋黃中的油脂，而其內所含的卵磷脂，亦是很好的乳化劑。
4. 顏色：蛋糕烘烤時可以產生誘人的金黃色，此顏色主要來自蛋黃。
5. 食品的價值：蛋的營養價值很高，加入產品內，可增加其營養價值。

三、雞蛋最佳打發溫度

配方中糖的量是蛋白的66%左右時，蛋白最佳打發溫度：17～22℃。

溫度愈高打發性愈佳，升溫打發適用於配方中糖量多時，因為太多糖抑制蛋白起泡，因此須配合升溫打發，但是超過45℃就反效果。

溫度愈低蛋白愈不易打發，降溫打發適用於配方中糖量少時（配方中糖的量是蛋白的30%以下），由於沒有足夠的糖抑制起泡作用，必須降溫打發，以免泡沫不穩定。

全蛋最佳打發溫度：40～42℃。因為蛋黃受熱後可降低其稠性，增加其乳化液之形成，加速與蛋白、空氣的拌合作用，使容易起泡而膨脹。

四、蛋品質鑑定法—未打破蛋殼前

光照法（candling）：

利用明亮的燈光，照透整個蛋，於暗室可以清楚觀察蛋黃在蛋白內的位置及流動情形。

新鮮好的蛋→蛋白黏度稠，同時蛋在倒置旋轉時，蛋黃移離中間位置較少。

新鮮好的蛋→蛋的氣室愈小，蛋薄膜震動愈小，品質愈好。

五、蛋品質鑑定法—打破蛋殼後

依據蛋白黏度大小及蛋黃移動情形

蛋愈新鮮→蛋白黏度愈大，蛋黃愈能保持圓形，厚度愈大。

六、雞蛋貯存期之變化

剛生下來新鮮的蛋白pH爲7.6，經貯藏後蛋白釋出二氧化碳，此二氧化碳於水溶液內呈弱酸性，亦即放出酸性成分，結果蛋鹼性增加，pH升高到9～9.5，同時蛋白的黏度減少。

冷凍蛋黃爲不可逆性，意即蛋黃冷凍凝固後解凍後無法變成液態，而蛋白是冷凍解凍可逆性。冷凍蛋品會添加砂糖或鹽，以防止膠化。使用冷凍蛋品前需提前解凍再使用。殺菌蛋品雖然已經殺菌過，開封後最好盡快用完，因爲微生物容易生長而造成腐敗。

七、雞蛋貯存條件

水洗過潮溼的蛋，或冷凝水滴在蛋面，比乾燥的蛋保存時間短。所以剛生下來的蛋，但除非馬上要用到，否則不要洗。

1. 雞蛋必須貯存於乾冷的場所。
2. 全蛋貯存期可達數星期。
3. 蛋白液貯存期2星期。
4. 蛋黃液貯存期1星期。

第五節　牛奶及乳製品

一、牛奶

由於牛奶中的蛋白質將與麵粉蛋白質反應，加強鍵結能力，更鞏固蛋糕體結構，因此牛奶是一種韌性材料。

(一)奶粉對點心製作產品的影響

1. 增加產品吸水量，改善品質。
2. 延長柔軟時間。

3.改善產品外觀、顏色與內部組織。

4.增進產品風味，吸引消費行動。

5.提高產品營養價值（蛋白質、維生素、礦物質）。

(二)牛奶的成分

牛奶的成分	百分比
奶油	3.5
蛋白質	3.5
乳糖	5.0
灰分	0.7
水	87.3
合計	100

全脂牛奶之奶油約3%，固形物約13%。因此如果以奶粉調配成牛奶濃度，比率爲全脂奶粉13%：水87%。或脫脂奶粉10%：奶油3%：水87%。

1. 奶油

奶油所含飽和脂肪酸較多，不飽和脂肪酸較少，油脂較安定。

奶油含有carbonyl化合物，提供特殊香味。

奶油是黃色油脂，由90%胡蘿蔔素及10%葉黃素兩種植物色素所構成。

奶油含有油溶性的維生素A，維生素D。

2. 蛋白質

牛奶內最主要的蛋白質是酪蛋白、乳清蛋白、乳球蛋白。

酪蛋白：約占所有蛋白質的80%，含有人體所不可缺少的重要胺基酸。

新鮮牛奶的pH值爲6.6，如加入酸或由乳酸菌發酵所產生的乳酸，促使牛奶蛋白質的pH值接近於酪蛋白的等電點pH值4.6時，酪蛋白將沉澱，此即爲乳酪。

3. 乳糖

牛奶內除了少量葡萄糖外，其他大部分的碳水化合物都是乳糖。

乳糖是由一分子的葡萄糖及一分子的半乳糖結合而成，具有還原性，可與蛋白質產生褐變反應。乳糖爲比較不甜的一種糖，如砂糖的甜度爲100，乳糖爲16。

4. 灰分（礦物質）

牛奶的礦物質可增加人體營養素。

(三)（脫脂）奶粉（milk powder）

牛奶經噴霧乾燥或滾筒式乾燥而成的粉末，增加運送與保存的方便。

(四)蒸發奶水，簡稱奶水（evaporated milk）

由鮮奶不加糖濃縮後裝入罐頭殺菌而製成，可有效延長保存期限，其固形物約爲26%，使用時可加入等重的清水，還原成牛奶來用。

(五)煉乳（sweetened cond. milk）

由鮮奶加糖濃縮後裝入罐頭殺菌而製成，可分爲全脂煉乳與脫脂煉乳，其砂糖含量爲42%，濃縮奶加入砂糖可增長貯存時間，提高經濟價值。

(六)鮮奶貯存條件

牛奶保存於4℃～10℃的冷藏庫中，生菌數會隨著保存日數增加而增加。因此使用前須注意保存期限。

二、乳製品

1. 乳酪（cheese）

俗稱起司或芝士，因產地、製造方法、硬度、熟成之差異而有不同的分類。

牛乳中添加凝乳酵素或乳酸菌，使乳中酪蛋白凝固後，打碎壓榨，經過貯藏熟成的一種發酵乳製品。

烘焙食品多用天然無鹽的乳酪。

乳酪在烘焙業中爲小西餅及披薩之良好添加物，可增強風味、降低油脂味或在乳酪蛋糕中純化口味。

2. 乳酪種類

種類	熟成期	產品
超硬質	一年左右	帕瑪森乳酪（Parmenson）：磨粉或刨絲灑在義大利麵或沙拉用。Romano、Sapsago。
硬質無眼	數月至一年	Gouda、Edam。
硬質有眼	數月至一年	Emmenthal、Swiss、Gruyere。
半硬質	數週至數月	切達乳酪（Cheddar）：屬於半硬質乳酪，用於用於西餐或三明治夾層。Brick、Blue、Roquefort。
軟質熟成	數週	莫札瑞拉乳酪（Mozzarella）：屬於半軟質乳酪，用於披薩加熱後有拉絲效果，味道香濃。Brie、Camembert、Romadur。
軟質未熟	數週	奶油乳酪（Cream）：屬於新鮮軟質乳酪用於乳酪蛋糕與甜點。Cottage、Neufchatel。
特殊乳酪		Spread、Albumin、Smoked。

3. 乳酪貯存條件

須冷藏，如果奶油乳酪（cream cheese）冷凍再解凍，則所製作乳酪蛋糕，將產生嚴重不良影響。

第六節　可可粉與巧克力

可可粉與巧克力來自可可樹，可可樹所結的果實爲可可豆，可可豆經加工後形成可可粉。可可粉屬於乾性材料，在蛋糕配方中如添加可可粉時，其水分應添加可可粉量的1.5倍。

可可粉與奶粉、糖、可可脂、卵磷脂等製成巧克力。因此配方中如果以巧克力取代可可粉時，須調整配方中油脂含量。

採收後的可可豆，在24小時內即開始進行發酵產生酸，其目的爲：

1. 讓包裹著可可豆的白色果肉腐爛變軟，使豆子更容易被取出。
2. 防止發芽，讓豆子更容易保存。

3. 讓可可豆可轉變成特有的美麗茶褐色，豆子可充分膨脹，產生苦味、酸味，增添香味。

可可胚乳用機器磨碎後，變成柔滑的物質再凝固後，稱之爲可可塊。另一方面，將可可塊用壓榨機榨過後，可以得到油脂的部分，可可奶油及固態的可可渣。進一步提煉可可渣，冷卻凝固後，研磨成粉狀，就是可可粉了。可可粉分爲經鹼處理過的鹼化可可粉（dutch cocoa）及未經鹼處理的天然可可粉（natural cocoa），天然可可粉的pH值爲5.3～5.6，鹼處理後pH爲6.0～8.0。鹼處理的過程可中和天然可可粉的微酸性，使可可的風味更濃郁、滑順、味道較不苦澀、顏色更深褐色。一般可可粉依其可可脂含量分爲低脂（可可脂含量10～12%）、中脂（可可脂含量14～18%）、高脂（可可脂含量22～24%），油脂含量高者，品質較佳。

可可粉容易造成雞蛋泡沫消泡，因此巧克力海綿蛋糕比咖啡海綿蛋糕、香草海綿蛋糕、草莓海綿蛋糕容易消泡。

操作巧克力的室溫環境宜維持在18～22℃，溼度在60%以下。融化巧克力的溫度不可超過50℃，不可直接在瓦斯爐上加熱，可用隔水加熱或微波爐加熱；可可脂的融點約爲32～35℃。

巧克力調溫的目的：使巧克力表面有光澤，易脫模，保存性好，防止產生油脂霜斑（fat bloom）產生。將巧克力加熱到45～50℃，再冷卻到27～28℃，再把溫度提升到30℃左右，調溫過程主要得到β晶核（不是α晶核、γ晶核、δ晶核）。

造成巧克力產品油脂霜斑（fat bloom）可能原因：巧克力調溫不當、貯存場所之溫度差異過大。

一、巧克力分類

成分：純、硬脂。

口味：苦甜、牛奶、調味。

硬度：硬、軟。

形狀：塊、粒、杯、條、片。

主要配方成分：糖、油脂、奶粉、可可粉、卵磷脂、香料。

1. 黑巧克力

大致可分成：

(1) 半甜巧克力

(2) 苦甜巧克力

成分比例分別爲：

半甜巧克力含可可55～58%、砂糖42～45%。

苦甜巧克力含可可60%、砂糖40%。其中，可可奶油的含量約占整體的38%。可可含量若占70%以上的巧克力，稱爲「特級純苦巧克力」。

2. 牛奶巧克力

牛奶巧克力的可可含量較少，牛奶成分較多。成分比例爲：可可36%、砂糖42%，剩餘的部分爲牛奶。油脂成分占整體的38%。

3. 白巧克力

白巧克力不含絲毫可可的固態成分。成分比例爲：可可奶油30%，剩餘的部分爲砂糖及牛奶。

4. 可可塊

可可塊就是將可可胚乳研磨成泥狀後，凝固成形而成。不含糖分，100%的純可可塊。適合在欲強調巧克力的香味，或突顯巧克力的濃郁時使用。

5. 可可奶油

可可奶油爲可可塊用壓榨過後所分離的油脂部分。融化後，看起來很像澄清奶油。

二、巧克力貯存條件

巧克力最好貯存在溫度12～18℃，溼度65%以下的環境裡，才能保持美味；而量產巧克力有效期限通常在一年左右，手工巧克力則只有1～3星期時間。

第七節　膠凍原料

爲安定霜飾，可用具備膠凝作用、乳化作用及水合作用的水膠體，一般常用有動物膠、果膠、藻膠、洋菜、阿拉伯膠、豆膠等等。

一、吉利丁（gelatin），又稱動物膠

型　態：粉狀及片狀。

粉狀及片狀差異：片狀較無臭味但價錢較貴。

來　源：由牛皮、豬皮、牛骨或豬骨經加熱加酸抽膠後，去脂、乾燥、粉碎或脫臭製片等。

成　分：蛋白質。

使用方法：吉利丁粉使用前先泡於5倍量之冰水備用，若以隔水加熱法溶解，可先與糖拌勻再使用，以避免結塊；至於吉利丁片，則直接浸泡於冰水，使用時再撈起即可溶於熱水中。片狀與粉狀動物膠使用量相同。

操作特性：遇酸會分解而失去一部分膠體，冷水中可吸水膨脹不會溶解，溶於熱水（50～60℃）中，時間不宜太長，溶解溫度比果膠、洋菜低，冷卻後凝固成膠體，凝固點低（10℃以下），若再加熱至30℃，又再度溶解爲液體，但若再降溫則又形成膠體。具有打發起泡的性質，因此亦可做泡沫安定劑。使用上如果與新鮮鳳梨、木瓜或奇異果一起加工時，需先將此類水果加熱以抑制蛋白質酵素，另外需注意：酸、酒精對其凝膠性有所影響，而糖不會。

產品特性：口感黏軟、有彈性，形狀保持不易，需冷藏食用。

應用產品：慕斯、冷凍戚風派餡。

保水性：佳。

用　途：慕斯。

二、吉利T（jelly T）

俗稱珍珠粉，外觀爲純白無味粉末。

來　源：爲海藻膠的一種，屬於植物性。

成　分：醣類。

使用方法：使用前先與糖混合，放入冷水內攪拌均勻後再煮，以避免結塊。

原料特性：凝固點高（50～60℃）。

產品特性：具彈性、耐酸、凝膠快、耐高溫。

用　途：果凍。

三、寒天

來　源：從海洋植物紅藻提取出來的膠體。

成　分：是一種碳水化合物，屬於植物多醣類，水溶性膳食纖維及礦物質，且幾乎沒有熱量。

寒天的吸水性很強，大約200～250倍，食用後有飽足感。

寒天在食品、醫藥等行業十分重要，且有瀉火、滑腸和降血壓、降熱，保健、防癌作用。

寒天已被國內外廣泛使用，安全無毒，使用安全。

用　途：可應用於素食的慕斯用量約1%。

四、洋菜

俗稱瓊脂。

來　源：由水產植物，如石花菜、龍鬚菜等海藻類經加工處理後，提煉乾燥製成。

成　分：醣類。

使用方法：將洋菜粉先與糖混合再放入水中，經煮沸（需充分煮沸才能完全溶解，才有結凍效果）冷卻至35～40℃，即凝固成凍。洋菜於0.5%的低濃度仍可以形成膠體，洋菜的膠凍強度與洋菜的濃度成正比，一般使用量約爲0.5～2.0%。

產品特性：洋菜的膠強度很強，凝膠後的產品屬於硬脆型，缺乏彈性，容易分裂，外觀不透明，且遇酸、鹼會發生水解作用，使其凝膠不良。洋菜凍放置一段時間會收縮出水。

用　途：杏仁豆腐。

五、果膠（pectin）

來　源：從水果抽取而來的碳水化合物膠質，特別是柑橘類的果皮。
成　分：醣類。
溶解溫度：100℃。
凝固點：常溫。
保水性：中等。
操作性：高甲基果膠需有一定量的糖和酸才能形成膠體。
用　途：增加烘焙產品在烤爐中之穩定性，防止內餡溢流，做爲乳化劑、吸溼劑及產品表面亮光材料。蛋糕表面的水果刷上亮光的目的：增加光澤、防止水果脫水、增加水果保存期限。

六、阿拉伯膠（gum arabic）

來　源：arabic樹皮分泌的汁液。
成　分：醣類。
特　性：唯一的水溶性膠質，黏稠性最小的膠。
用　途：打發鮮奶油、糖霜、柑橘乳化液、低熱量烘焙產品、麵糰類產品。
功　能：冰淇淋、霜飾、表面活性劑、泡沫穩定劑、防止老化、乳化劑、組織改良劑、填充劑。

七、關華豆膠（guar gum）

來　源：關華豆種子。
成　分：醣類。
溶解溫度：冷水。
特　性：吸水膨脹形成黏稠液，加熱變稀，不會形成固體膠質。
用　途：冰淇淋、蛋糕預拌粉、糖霜。
功　能：保溼、延長保存期限、縮短麵糊攪拌時間、穩定劑、增稠劑、增加體積使質地柔軟。

八、三仙膠（xanthan gum）

來　源：利用黃單胞菌生產。

成　分：高分子多醣類。

溶解溫度：任何溫度。

特　性：具有高黏稠的膠體溶液，耐酸鹼又耐熱。

用　途：烘焙產品、冷凍麵糰、糖霜。

功　能：增稠劑、乳化劑、安定劑、保水、延長保存期限、防止澱粉老化、穩定解凍過程、使組織平滑。

九、玉米澱粉（corn starch）

來　源：玉蜀黍（玉米）。

使用方法：先將玉米澱粉與水溶液拌勻後，再加熱攪拌即可。

產品特性：不溶解於冷水中，65℃以上會吸水膨脹成膠黏狀，膠體加熱至30℃會再崩解產生水解作用，膠體無還原性。

用　途：製作派餡或勾芡用。

操作性：糖的濃度會降低澱粉的膠凝性，所以糖加入太多，派餡不易凝固。用酸性較強的水果調製派餡會影響膠凝性。澱粉的用量應隨糖水的用量增加而增加。

添加於蛋糕配方之功能：

優　點：配方添加玉米澱粉，蛋糕組織較細緻。

缺　點：配方添加玉米澱粉，蛋糕老化較快，口感鬆散。
因此設計配方時，若要以玉米澱粉部分取代低筋麵粉，取代量最好不要超過20%，即可取其優點效果。

備註：膠凍原料中動物膠、果膠、洋菜、鹿角菜膠，在溫度2℃以下，使用同量的水分及砂糖，以動物膠用量需要最多，才能使其產品凍結凝固。

第八節　膨大劑（leavening agents）

使用膨大劑的目的：

1. 增加產品體積。

2. 使產品內部有細小孔洞。

3. 使產品鬆軟。

膨大劑屬於食品添加物，其功用：

1. 增加體積、產生鬆軟的組織。

2. 入口時食品風味可快速散發出。

3. 入胃後易於消化及吸收。

化學膨大劑種類：

銨粉、蘇打粉（亦稱小蘇打，baking soda）、發粉（亦稱泡打粉，baking powder），此三種原料兼具調整麵糰酸鹼度及膨脹性。

一、銨粉

一般可分爲二種，一爲碳酸銨（$(NH_4)_2CO_3$），另一爲碳酸氫銨（NH_4HCO_3）。在低溫加熱下就可完全分解，產生氨氣（NH_3亦稱爲阿摩尼亞）及二氧化碳。因此其膨大力量比其他膨大劑強，碳酸銨分解溫度比碳酸氫銨低，故溫度比較高之麵糊以碳酸氫銨較爲理想。例如：奶油空心餅，如果要添加膨大劑，就選用碳酸氫銨。

氨氣（NH_3）溶水性大，如製品內水分含量多，如：蛋糕、麵包等，由於NH_3溶於成品之水分內，而帶有臭味，不可食用，故銨粉一般用於水分少之產品，如：餅乾、油條及沙琪瑪等。

二、蘇打粉（亦稱小蘇打，baking soda）

蘇打粉（碳酸氫鈉，$NaHCO_3$）在有酸及受熱情況下，會作用而分解產生：二氧化碳、水及碳酸鈉（Na_2CO_3）。蘇打粉爲一種鹼性鹽，蘇打粉除了中和配方內酸性材料外，還可加深產品顏色，增加產品延展性，蘇打粉於烤焙時，亦可產生二氧化碳，而膨大產品體積，蘇打粉若加過多，碳酸鈉（Na_2CO_3）殘留於烘焙產品中，會有肥皂味產生，影響品質。

一般使用可可粉製作巧克力蛋糕時，常常添加小蘇打（碳酸氫鈉）以增加顏色，因爲鹼性環境促進褐變反應加速。

使用小蘇打加入麵糰攪拌，不可同時與檸檬酸混合，若同時加入兩者，兩者酸鹼中和，失去小蘇打在麵糰中的原本功效。

三、發粉（亦稱泡打粉，baking powder）

發粉爲小蘇打粉搭配其他各種酸性鹽及填充劑配合而成，一遇到水即產生中和，而產生二氧化碳。

一般發粉的定義：由蘇打粉配入可食用的酸性鹽，再加澱粉或麵粉爲填充劑而成的一種混合物，規定發粉所產生的二氧化碳不能低於總發粉量的12%。

(一)發粉之分類

依不同酸性鹽與蘇打粉反應的快慢而分爲：快性發粉、慢性發粉、雙重反應的發粉。

1. 快性發粉

以酸性酒石酸、酒石酸鉀、酸性磷酸鈣（$Ca(H_2PO_4)H_2O$）爲酸性反應劑與蘇打粉作用，於室溫時釋放出原來1/2～2/3之二氧化碳。

適用於餅乾、小西餅之發粉。

2. 慢性發粉

以酸性焦磷酸鈣爲酸性反應劑與蘇打粉作用，於室溫時釋放出二氧化碳很少。

適用於油條。

3. 雙重反應的發粉

此種酸性反應劑含有快性發粉及慢性發粉混合而成，快性發粉使用酸性碳酸鈣，慢性發粉使用酸性焦磷酸鈣、磷酸鋁鈉、硫酸鋁鈉，這種雙重反應的發粉，於室溫時釋放出1/5～1/3之二氧化碳。一般蛋糕所使用發粉爲雙重反應的發粉。

(二)製作蛋糕時，發粉的用量與工作地點的海拔高度有密切關係，海拔每增加一千呎（304.8公尺），發粉用量應減少10%。

(三)發粉與小蘇打粉的代換比例爲：3：1。

(四)酸性焦磷酸鈉屬於酸性鹽類，小蘇打屬於鹼性鹽類，兩者都常用於調整

麵糰酸鹼度。

(五)貯存條件

發粉秤量完後，必須把蓋子蓋緊，放在陰涼乾燥處，否則易吸收空氣中水分結塊和在罐內產生過早反應，以致失效。

第九節　鹽

鹽在製作天使蛋糕時的主要功能是增強蛋白的韌性，增加蛋糕白度，但是與蛋糕體積與組織細緻無直接關係。鹽還具有緩和蛋糕甜度及提味等功能。

第十節　塔塔粉

塔塔粉（Cream of Tartar）是一種酸性鹽，用來降低蛋白鹼性以增強蛋白韌性及潔白度，於製作蛋白產品打發蛋白時添加，如：天使蛋糕或戚風蛋糕等。

第十一節　堅果類

一般堅果類油脂成分含量都很高，然而油脂最令人擔心的就是氧化，產生油耗味，因此堅果類產品貯存過程務必冷藏，並避免光照，因爲溫度及光線會促進油脂氧化。如果堅果類已經有油耗味，則必須丟棄，因爲水洗、油炸或烤焙亦無法去除油耗味。

第十二節　糖漬蜜餞

糖漬蜜餞，加糖的主要目的：滲透壓上升、水活性降低、抑制微生物生長。

第十三節　乳化劑

乳化劑的功能就是將油相與水相原本不相溶的液態，溶合成一致相。爲使麵糊或麵糰在攪拌時，乳化劑具有增加水和能力，使成分更平均分布。

乳酸硬脂酸鈉（SSL, Sodium Stearyl-2-Lactylate）也是一種乳化劑。

SP蛋糕乳化劑在蛋糕製作上自成一格，全蛋打發的海綿蛋糕中，添加SP材料，就稱它爲SP海綿蛋糕法。比較早期的師傅們都稱它爲蛋糕的萬靈丹，因爲穩定氣泡效果相當好，它可促使蛋糕組織細緻。SP之重要成分爲蔗糖酯。

第十四節　防腐劑

糕餅類、麵包食品可使用防腐劑爲：丙酸鹽、己二烯酸鉀。

衛生署許可丙酸鹽添加劑量爲0.25%以下。

第十五節　色素

我國衛生機構核准使用的藍色色素爲：藍色1、2號。

我國衛生機構核准使用的綠色色素爲：綠色3號。

我國衛生機構核准使用的黃色色素爲：黃色4、5號。

我國衛生機構核准使用的紅色色素爲：紅色6、7、40號。

My recipes
Baking
SODA

CHAPTER 3 西點蛋糕烘焙計算

了解烘焙計算有助於對點心產品配方的了解，因為有經驗的點心師傅從烘焙百分比即可看出產品屬性，因此烘焙百分比的計算是點心製作的基礎，而且從烘焙百分比計算，可算出產品訂單所需材料，對一個經營者而言，也可以精準掌控原物料需求量，亦可以從烘焙計算中求得原料成本。

第一節　已知每個麵糊重、烘焙百分比及製作數量，求各材料用量？

範　例　已知海綿蛋糕烘焙百分比如下，今欲製作每個麵糊重550克海綿蛋糕3個，求各材料用量？

材料	百分比	重量（克）
全蛋	200	
蛋黃	30	
細砂糖	120	
鹽	2	
低筋麵粉	80	
玉米澱粉	20	
鮮奶	20	
沙拉油	20	
合計	492	

題解過程

製程：秤料 ⟶ 麵糊重量

操作損耗10%

計算：611 ⟵ 550

$550/(1-0.1)=611$

一、理論每個麵糊秤取重量＝550

二、實際麵糊重（考慮10%損耗）

= 理論總重 ÷（1 − 0.1）= 理論總重 ÷ 0.9

= 550 ÷ 0.9 = 611

三、題目要求製作3個：= 3 × 611 = 1833

四、算出烘焙百分比與材料重量之倍數：實際麵糊總重 ÷ 烘焙百分比合計

1833 ÷ 492 = 3.726

五、各材料重量 = 各材料烘焙百分比 × 倍數

例：全蛋秤重：200 × 3.726 = 745

解答：各材料秤重

材料	百分比	重量（克）
全蛋	200	745
蛋黃	30	112
細砂糖	120	447
鹽	2	7
低筋麵粉	80	298
玉米澱粉	20	75
鮮奶	20	75
沙拉油	20	75
合計	492	1833

第二節　已知成品重量，各成分烘焙百分比、組合比率及製作數量，求各材料用量？

範例1.　已知核桃塔每個成品重量1000克，塔皮與餡比率爲1：1，塔皮與餡烘焙百分比如下，今欲製作核桃塔3個，求各材料用量？

塔皮烘焙百分比：

材料	百分比	重量（克）
奶油	60	
糖粉	40	
鹽	0.5	
全蛋	10	
低筋粉	100	
BP	0.5	
合計	211	

核桃餡烘焙百分比：

材料	百分比	重量（克）
鮮奶油	12.8	
蜂蜜	31.5	
糖	28.5	
鹽	0.8	
奶油	6.7	
核桃	100	
合計	180.3	

題解過程

本題目爲已知成品重量，然而製作產品從稱料到成品，中間會經過操作損耗及烤焙損耗，因此要計算兩次損耗，以本題爲例，已知成品重1000克，而且塔皮與餡料比率分別是1：1，

塔皮成品重量：$1000 \times \frac{1}{1+1} = 500$

餡料成品重量：$1000 \times \frac{1}{1+1} = 500$

塔皮計算：

假設塔皮損耗分別：操作損耗爲5%，烤焙損耗爲10%

製程：秤料 ——→ 分割麵糰 ——→ 成品

操作損耗5%　　烤焙損耗10%

計算：585 ←—— 556 ←—— 500

$556/(1-0.05)=585$　　$500/(1-0.1)=556$

今題目要求製作3個，因此秤料總重爲：$3\times585=1755$

一、算出烘焙百分比與材料重量之倍數：實際麵糰總重÷烘焙百分比合計

$$1755\div211=8.317$$

二、各材料重量＝各材料烘焙百分比×倍數

例：奶油秤重：$60\times8.317=499$

解答：塔皮各材料秤重

材料	百分比	重量（克）
奶油	60	499
糖粉	40	333
鹽	0.5	4
全蛋	10	83
低筋粉	100	832
BP	0.5	4
合計	211	1755

餡料計算：

假設餡料損耗分別：操作損耗爲10%，烤焙損耗爲5%

製程：秤料 ——→ 分割麵糰 ——→ 成品

操作損耗10%　　　　　　　　烤焙損耗5%

計算：584 ← 526 ← 500

$526/(1-0.1)=584$　　　　$500/(1-0.05)=526$

今題目要求製作3個，因此秤料總重爲：3×584 = 1752

一、算出烘焙百分比與材料重量之倍數：實際麵糰總重÷烘焙百分比合計

$$1752 \div 180.3 = 9.717$$

二、各材料重量 = 各材料烘焙百分比×倍數

例：鮮奶油秤重：12.8×9.717 = 124

解答：餡料各材料秤重

材料	百分比	重量（克）
鮮奶油	12.8	124
蜂蜜	31.5	306
糖	28.5	277
鹽	0.8	8
奶油	6.7	65
核桃	100	972
合計	180.3	1752

範例2.　製作每個成品重800公克之8英寸三層式乳酪慕斯派3個，其中餅屑底層：乳酪慕斯夾水果醬：海綿蛋糕體 = 4：10：3（重量比），而且在乳酪慕斯夾水果醬中乳酪慕斯餡：夾心水果醬 = 3：1。烘焙百分比如下，求各材料用量？

餅乾派底配方：

材料	百分比	重量（克）
餅乾屑	100	
奶油	80	
糖粉	15	
合計	195	

乳酪慕斯餡配方：

材料	百分比	重量（克）
吉利丁片	2	
軟質乳酪	50	
糖	10	
檸檬汁	10	
鮮奶油	100	
合計	172	

指形蛋糕體配方：

材料	百分比	重量（克）
蛋黃	75	
蛋白	150	
砂糖	120	
低筋麵粉	100	
合計	445	

題解過程

本題目為已知成品重量，然而製作產品從秤料到成品，中間如果經過操作損耗及烤焙損耗，要計算兩次損耗。如果沒經過烤焙，則只考慮一次操作損耗。如果直接取成品拌入，則連操作損耗也不用考慮。以本題爲例，已知成品重800克，而且餅屑底層：乳酪慕斯夾水果醬：海綿蛋糕體 = 4：10：3

餅屑底層成品重量：$800 \times \frac{4}{4+10+3} = 188$

乳酪慕斯夾水果醬成品重量：$800 \times \frac{4}{4+10+3} = 470$

乳酪慕斯餡成品重量：$470 \times \frac{3}{3+1} = 353$

夾心水果醬成品重量：$470 \times \frac{1}{3+1} = 118$

海綿蛋糕體成品重量：$800 \times \frac{3}{4+10+3} = 141$

餅屑底層（由於沒有經過烤焙，因此只考慮操作損耗）：
假設餅屑底層損耗：操作損耗爲5%

製程：秤料 ————————→ 餅乾屑
計算：198　　操作損耗5%　　188

←————————

188/(1 − 0.05) = 198

今題目要求製作3個，因此稱料總重爲：3×198 = 594

一、算出烘焙百分比與材料重量之倍數：實際麵糰總重÷烘焙百分比合計

594÷195 = 3.046

二、各材料重量 = 各材料烘焙百分比×倍數
　例：餅乾屑秤重：100×3.046 = 304

解答：餅乾屑各材料秤重

材料	百分比	重量（克）
餅乾屑	100	304
奶油	80	244
糖粉	15	46
合計	195	594

乳酪慕斯餡（由於沒有經過烤焙，因此只考慮操作損耗）：
假設乳酪慕斯餡損耗：操作損耗爲20%

製程：秤料 ——————→ 麵糊重
計算： 441 　操作損耗20% 　353

←——————

353/(1 − 0.2) = 441

今題目要求製作3個，因此秤料總重爲：3×441 = 1323
一、算出烘焙百分比與材料重量之倍數：實際麵糰總重÷烘焙百分比合計

1323÷172 = 7.692

二、各材料重量 = 各材料烘焙百分比×倍數
例：吉利丁片秤重：2×7.692 = 15

解答：乳酪慕斯各材料秤重

材料	百分比	重量（克）
吉利丁片	2	15
軟質乳酪	50	385
糖	10	77
檸檬汁	10	77
鮮奶油	100	769
合計	172	1323

夾心水果醬（由於直接取現成的餡，不需考慮操作損耗與烤焙損耗）

今題目要求製作3個，因此稱料總重爲：3×118 = 354

海綿蛋糕體成品（由於經過烤焙，因此考慮操作損耗與烤焙損耗）：

假設海綿蛋糕體損耗：操作損耗爲15%；烤焙損耗5%

製程：秤料 ——————→ 麵糊重 ——————→ 成品

操作損耗15%　　　烤焙損耗5%

計算：174 ←—————— 148 ←—————— 141

$148/(1-0.15)=174$　　$141/(1-0.05)=148$

今題目要求製作3個，因此稱料總重爲：3×174 = 522

一、算出烘焙百分比與材料重量之倍數：實際麵糰總重÷烘焙百分比合計

$$522 \div 445 = 1.173$$

二、各材料重量 = 各材料烘焙百分比×倍數

例：蛋黃秤重：75×1.173 = 88

解答：指形蛋糕體各材料秤重

材料	百分比	重量（克）
蛋黃	75	88
蛋白	150	176
砂糖	120	141
低筋麵粉	100	117
合計	445	522

第三節 已知麵粉重量及烘焙百分比，求各材料用量？

範 例 限用麵粉900公克製作二種不同裝飾鬆餅各20個，其總油量爲麵粉的95%，配方如下，試算出每個材料用量。

材料	百分比	重量（克）
高筋麵粉	100	
鹽	1	
細砂糖	3	
水	48	
蛋	7	
醋	2	
白油	10	
裹入油	85	
合計	256	

題解過程

題目要求麵粉用量爲900克，因此只要將所有材料的烘焙百分比乘9即可。

答案：

材料	百分比	重量（克）
高筋麵粉	100	900
鹽	1	9
細砂糖	3	27
水	48	432
蛋	7	63
醋	2	18
白油	10	90

材料	百分比	重量（克）
裹入油	85	765
合計	256	2304

第四節　已知各材料用量，求配方之烘焙百分比？

在很多食譜中看到配方，只呈現各材料重量，爲了比較其配方差異，必須轉換爲烘焙百分比才能比較，以下介紹實例將重量轉換爲烘焙百分比。

範　例　已知戚風蛋糕配方重量如下所示，試計算出其烘焙百分比。

材料	百分比	重量（克）
鮮奶		247
香草精		0.5
沙拉油		222
細砂糖		119
鹽		7
低筋麵粉		329
發粉（BP）		8
蛋黃		247
蛋白		494
細砂糖		326
塔塔粉		2
合計		2000

題解過程

由於烘焙百分比定義就是將麵粉爲100，而此配方之麵粉用量爲

329，因此只要將所有的材料用量除麵粉用量329再乘100即可。

解答：

材料	百分比	重量（克）
鮮奶	75	247
香草精	0.2	0.5
沙拉油	68	222
細砂糖	36	119
鹽	2	7
低筋粉	100	329
發粉（BP）	2.5	8
蛋黃	75	247
蛋白	150	494
細砂糖	99	326
塔塔粉	0.5	2
合計	608	2000

第五節　已知各材料用量，求配方之實際百分比？

所謂實際百分比，即為全部材料合計為100。在開發新產品時，推算出配方之後，如果想了解產品甜度，則必需求出糖的實際百分比，即可一目了然。當然如果要比較不同配方中某個材料用量多寡差異，從實際百分比可快速看出。以下實例說明如何轉換。

範例　已知塔皮各材料用量如下，求其實際百分比。

材料	實際百分比	重量（克）
糖粉		92
奶油		138
鹽		1
全蛋		23
低筋粉		229
發粉		1
合計		484

題解過程

所謂實際百分比定義即爲合計爲100，而此配方之材料用量合計爲484，因此只要將所有的材料用量除484再乘100即可。

解答：

材料	實際百分比	重量（克）
糖粉	19	92
奶油	28	138
鹽	0.2	1
全蛋	5	23
低筋粉	47	229
發粉	0.2	1
合計	100	484

第六節　原料成本計算

從原料成本計算中，了解製作產品所需原料價錢，是計算損益平衡最根本基礎，其步驟爲：先查出各材料每包售價，再看每包重量，即可算出各材料每公斤售價多少。然後將配方中製作產品所需材料重量乘以該材料售價，再將其總合就可算出原料成本。當然必須注意單位的一致性，例如稱取材料時以克爲單位，而售價是以公斤爲單位，因此必須先轉換成多少公斤再乘以單價。

範例1.　已知製作4個奶油蛋糕各材料用量及單價，求其原料成本？

材料	重量（克）	單價（元／公斤）	原料成本
雪白油	233.6	81.3	
奶油	175.2	115.6	
乳化劑（SP）	11.7	200	
細砂糖	584.0	15	
鹽	11.7	23	
全蛋	467.2	30.4	
低筋粉	584.0	13.6	
泡打粉	8.8	116.7	
鮮奶	146.0	66.1	
合計	2222		

題解過程

一、將各材料用量÷1000×單價＝材料使用成本

二、將各材料使用成本總合，即爲原料成本，

以雪白油爲例：233.6÷1000×81.3＝18.99，

其他材料以此類推，即可求出每個材料使用成本。

最後將各材料使用成本總合，即爲原料成本。

解答：

材料	重量（克）	單價（元／公斤）	原料成本
雪白油	233.6	81.3	18.99
奶油	175.2	115.6	20.25
乳化劑（SP）	11.7	200	2.34
細砂糖	584.0	15	8.76
鹽	11.7	23	0.27
全蛋	467.2	30.4	14.20
低筋粉	584.0	13.6	7.94
泡打粉	8.8	116.7	1.02
鮮奶	146.0	66.1	9.65
合計	2222		83.43

以上是製作4個奶油蛋糕之成本爲：83.43元，如果想了解每個奶油蛋糕成本，只要將此成本除4，即可獲得單個成本：20.86元。

範例2. 以下小西餅配方及原料單價，若每鍋所投入之原料總重爲23.2公斤，則此鍋小西餅原料成本爲何？

原料名稱	%	重量	單價（元／公斤）	原料成本
無鹽奶油	50		90	
鮮奶	10		35	
糖粉	50		31	
低筋麵粉	100		11	
精鹽	0.8		10	
玉米澱粉	5		12	
全蛋	15		40	
發粉	1.2		50	
合計	232			

題解過程

1. 計算出每鍋總重之各材料用量。
2. 將各材料用量乘其單價（因爲此題之原料用量以Kg爲單位，因此直接乘單價即可）。
3. 將各材料費用加總即爲此鍋之原料成本。

解答：

原料名稱	%	重量（Kg）	單價（元 / Kg）	原料成本
無鹽奶油	50	5	90	450
鮮奶	10	1	35	35
糖粉	50	5	31	155
低筋麵粉	100	10	11	110
精鹽	0.8	0.08	10	0.8
玉米澱粉	5	0.5	12	6
全蛋	15	1.5	40	60
發粉	1.2	0.12	50	6
合計	232	23.2		822.8

答：822.8元

範例3. 公司生產海綿蛋糕，日產量爲100個10.5英吋圓烤模，每個原料成本爲50元，需3位操作人員，每位日薪600元，製造費3000元，包裝材料每個50元，銷售管理費每個20元，公司所需利潤占售價20%，則每個蛋糕售價爲何？

解答：

薪資：600×3 = 1800元

原料：50×100 = 5000元

製作費：3000元

包材費：50×100 = 5000元

管理費：20×100＝2000元

合計：1800＋5000＋3000＋5000＋2000＝16800

每個費用爲：16800÷100＝168

公司所需利潤占售價20%，因此售價爲：168÷(1 － 20%) ＝ 168÷0.8＝210（元）。

答：210元。

第七節　麵糊比重計算

蛋糕打發程度直接影響成品品質，如果打發不足，蛋糕呈現組織緊密，打發過頭，蛋糕組織就粗糙。因此具規模之企業在蛋糕製作時，對於操作員每次麵糊攪拌程度會進行品質管制，其管制點就是麵糊比重。一般麵糊類蛋糕比重爲0.82～0.85；戚風類蛋糕比重約爲0.45；海綿蛋糕比重約0.40～0.45；天使蛋糕比重約0.35～0.38。

所謂麵糊比重定義就是單位容器中，麵糊之重量。其實市面上已經有比重杯，如果不方便買到比重杯也可以用量杯取代，即先秤空杯重，然後裝水裝到滿，秤裝滿水重，將裝滿水重減去空杯重，即得水淨重。同樣方法秤取麵糊淨重。最後只要將麵糊淨重除以水淨重，就是麵糊比重：

$$\text{麵糊比重}=\frac{\text{麵糊淨重}}{\text{水淨重}}$$

範　例　空杯重50克，空杯裝滿水後重300克，空杯裝滿麵糊重250克，試計算此麵糊比重？

解答：$\text{麵糊比重}=\frac{250-50}{300-50}=0.8$

第八節　溫度之攝氏與華氏換算

溫度之攝氏與華氏換算，只要記住一個公式，然後套入公式即可換算。

$$\text{換算公式：（華氏}-32\text{）}\times\frac{5}{9}=\text{攝氏}$$

範　例　攝氏零下40℃等於華氏？

解答：$-40\times\frac{9}{5}+32=-40$

補充教材：

1. 乾溼球溼度溫度計的溫度差愈大則相對溼度愈小。

西點製程

CHAPTER 4

第一節　泡芙製程

泡芙區分爲軟皮泡芙與脆皮泡芙，其製程差異主要是：脆皮泡芙是將軟皮泡芙在入爐前蓋上一片波蘿皮，出爐後即產生香脆口感。

泡芙典故：從前，奧地利的哈布斯王朝和法國的波旁王朝長期爭奪歐洲主導權，已經戰得筋疲力竭，後來，爲避免鄰國漁翁得利，雙方達成政治聯姻的協議，於是奧地利公主與法國皇太子就在凡爾賽宮內舉行婚宴，泡芙就是這場兩國盛宴的壓軸甜點，爲長期的戰爭畫下休止符。從此泡芙在法國成爲象徵吉慶、示好、和好的甜點，在節慶、典禮場合，如嬰兒誕生或新人結婚時，都習慣將泡芙沾焦糖後，堆成塔狀慶祝，稱做泡芙塔（Croquembouche），象徵喜慶與祝賀之意。

泡芙製程：

1. 將水、鹽、沙拉油煮沸。
2. 加入麵粉，繼續攪拌煮到糊化（麵糊不黏缸）。
3. 倒入攪拌缸，分次拌入雞蛋。
4. 用雞蛋調整軟硬度。
   （黏附在刮刀上的麵糊成倒三角形之薄片，而不從刮刀上滑下）
5. 用擠花袋擠在披覆鐵氟龍或墊油紙的平烤盤上。
6. 擠好之麵糊應馬上進爐，不要在烤盤上擱置太久，如果必須擱置一段時間，則須在表面噴水，以免結皮而影響膨脹。
7. 烤焙：溫度210/220℃約25分鐘後再降溫180/150℃悶熟。
   （外表顏色已經金黃色，用手指輕測產品腰部，如感覺到堅硬易脆裂即可出爐）

備註：

1. 奶油空心餅在烤爐中呈扁平狀擴散可能原因：麵糊太稀、攪拌過度、上火太強。
2. 奶油空心餅膨大有關之因素：水氣脹力、溼麵糰筋性承受力、油脂可塑性等有關。

3. 高筋麵粉所含的麵糰筋性質地較優，伸展性與彈性佳，能使奶油空心餅膨大並保持最大體積。
4. 製作奶油空心餅，不添加碳酸氫銨，依然可以得到良好的產品。
5. 製作奶油空心餅，蛋必須在麵糊溫度60℃～65℃時加入。如果麵糊溫度太低，將造成油水分離現象。
6. 烤焙奶油空心餅須注意：烤焙前段不可開爐門、若底火太大則底部有凹洞、麵糊進爐前噴水有助膨大、爐溫上火太強，會阻礙麵糊向上膨大，使頂部成平板形狀。
7. 奶油空心餅在175℃的爐溫下烘烤出爐後向四周擴散而不挺立主要原因：蛋的用量太多。

第二節　布丁製程

布丁口感綿密，入口即化，老少皆宜。其製作程序分兩部分，分別是焦糖與布丁液。

一、焦糖製程

1. 先將砂糖與水在鍋中加熱到產生褐色，再倒入另一部分水

煮焦糖時，可將鍋子提起搖晃讓糖均勻融化，糖尚未融化前不可攪拌，因爲會反砂成硬塊。

判斷焦糖軟硬性：糖煮到用筷子將糖液滴入水中能凝結成軟球狀即可（若太硬，再加入少許水，即可調整其軟硬度）。

2. 稍冷卻才倒入專用模型內，待其凝固

煮糖的溫度階段：

階段	溫度	階段名稱
1	100˚C	沸騰溫度（Boiling）
2	105˚C～110˚C	細絲階段（Thread）

階段	溫度	階段名稱
3	115℃～118℃	起泡的球體變大（Feather） （可製作義大利蛋白霜、炸彈麵糊）
4	120℃	軟球階段（Soft ball stage）
5	125℃	硬球階段（Hard ball stage）
6	134℃	軟脆階段（Soft crack stage）
7	145℃	硬脆階段（Hard crack stage）
8	150℃	一般製作拉糖，其糖液需加熱至150～160℃。 轉黃色（light yellow）
9	160℃	淡焦糖色（light caramel）

二、布丁液製程

1. 鮮奶加糖、鹽煮到糖溶解。
2. 蛋打散（打到蛋黃與蛋白融合）後加入熱鮮奶拌勻、過篩，再去泡沫。
3. 倒入模型中水浴蒸烤（平烤盤中放水）。
4. 烤焙170/150℃約35分鐘至表面凝結具彈性即可。

第三節　派皮製程

派皮要求具有酥鬆的片狀組織，關鍵在於麵粉與油脂攪拌程度，如果攪拌不足，油粒太粗，則派皮易破。攪拌太久則失去酥鬆口感，因此，麵粉與油脂切拌，拌成紅豆粒大小之顆粒最恰當。而且須注意拌入其他材料時不要拌太久，否則就無層次感。

1. 麵粉與油脂切拌，拌成紅豆粒大小之顆粒（爲了讓油脂切拌時比較乾爽，先將油脂冷凍後再取出操作）。
2. 加入糖、鹽、冰水拌勻成糰即可。
3. 入冰箱冷藏鬆弛備用。
4. 分割麵糰。

5. 在派盤反面上整型，表面插洞，鬆弛約15分鐘。
6. 烤焙200/210℃，約20分鐘，再翻面，繼續烤到金黃色，共約25分鐘。

備註：

1. 派皮缺乏應有的酥片可能原因：麵皮拌合溫度太高（未使用冰水或油脂沒先冷凍）、油脂熔點太低、油脂用量太多。
2. 造成派皮過度收縮可能原因：麵粉筋性太高、水分太多、使用太多含水油脂（如：瑪琪琳）、油脂用量太少、整型時捏揉過度。
3. 使用冰水調製派皮的目的：避免油脂軟化、保持麵糰硬度、防止麵糰筋性形成。
4. 生派皮生派餡之派使用雞蛋做爲膠凍原料。
5. 派皮整型前，需放入冰箱冷藏的目的爲：使油脂凝固，易於整型。
6. 派皮過於堅韌可能原因：麵粉筋度太高、使用太多回收麵皮、麵糰捏揉過度。

第四節　塔皮製程

塔皮要求具有軟脆口感，一般採用糖油拌合法製作，製作技巧是不宜打發，拌匀即可，因爲打太發的麵糰，所製作塔皮，很容易破碎。

1. 糖、鹽、油拌匀，不需打發。
2. 蛋分批拌入，攪拌至乳化完全。
3. 麵粉、發粉與奶粉一起過篩後加入拌匀。
4. 放入冰箱鬆弛約30分鐘。
5. 整型，填入烤模，叉洞，避免塔皮鼓起。
6. 烤焙（210/180℃）至表皮金黃色。

第五節　慕斯製程

慕斯（mousse）在法語是泡沫的意思，慕斯區分很多類，最常使用三大類，分別是以果泥、糖水、巧克力爲主體，其中前兩類是以吉利丁爲凝膠材料，而巧克力爲主體的慕斯，凝膠材料爲巧克力。一般製程都搭配打發的動物性鮮奶油，構成泡沫，清爽滑口感覺。製作慕斯產品需要冷凍，冷凍應注意：使用急速冷凍凍結法，最短時間內通過最大冰結晶生成帶。慕斯餡的膠凍材料包括：動物膠、巧克力、玉米粉。

1. 慕斯餡種類

(1) 安格列斯餡（Crème Anglaise）
(2) 布丁餡（Crème Patissiere）
(3) 英式奶油霜（Crème au Beurre）
(4) 甜味鮮奶油（Crème Chantilly）
(5) 布丁鮮奶油（Crème Diplomate）

2. 製作慕斯蛋糕種類

(1) 傑諾瓦士蛋糕（Genoise）——海綿蛋糕
(2) 達克斯蛋糕（Dacquoise）
(3) 馬卡龍（Macaroon）
(4) 彼士裘伊蛋糕（Biscuit）
(5) 鳩康地杏仁蛋糕（Joconde almond Biscuit）

一、果泥、糖水慕斯製程

1. 吉利丁片先泡於冰開水備用。
2. 糖加入沸水（果泥）中加熱至溶解。
3. 將吉利丁加入糖水（果泥）中拌匀，保持溫溫的。
（若太冷則凝膠；若太溫熱則加入鮮奶油後，鮮奶油會溶解成液體）
4. 鮮奶油打至6分發（稍有流性）。
5. 將吉利丁溶液加入已打發之鮮奶油中拌匀。

6. 填入慕斯框。
7. 急速冷凍（急速冷凍比慢速冷凍通過冰晶形成帶的時間短）。

二、巧克力慕斯製程

1. 巧克力切碎，隔溫水融化備用。
2. 鮮奶油與蛋黃混合隔水加熱至85℃離火。
3. 熱鮮奶油分次拌入巧克力糊中。
4. 稍冷卻（35℃），加入酒拌勻。
5. 鮮奶油拌至6～8分發，分次與以上材料拌勻。

備註：乳酪慕斯餅乾底鬆散原因：油脂用量不足、餅乾屑顆粒太大、攪拌不均勻、鋪底後沒有壓實。

第六節　鬆餅（Puff Pastry）製程

此鬆餅為裏油類產品，不同於麵糊在鬆餅機翻烤之鬆餅。裏油類的鬆餅如果麵糰中所用油量較少，則產品品質較脆，體積較大。由裏油方式區分為：英式裏油法與法式裏油法，其主要差異於麵糰包覆裏入油脂之方式，麵糰包覆裏入油脂後，麵糰橫切面是兩層油脂為英式裏油法，如果橫切面是單層油脂則為法式裏油法。裏油類的鬆餅製程中，包覆油之後，進行不同折疊次數，產生不同層次。

對於固定折次之裏油法，最後麵糰層次計算式如下：

英式裏油法經過折疊次數之麵糰層次為：$2\times$折$^{次}+1$層。

法式裏油法經過折疊次數之麵糰層次為：折$^{次}+1$層。

例如：

1. 以法式裏油法經過3折疊4次數之麵糰層次為：3^4+1層$=82$層。
2. 以法式裏油法經過4折疊3次數之麵糰層次為：4^3+1層$=65$層。

對於不固定折次之裏油法，最後麵糰層次，計算式如下：

英式裏油法經過折疊次數之麵糰層次為：$2\times$所有折次相乘$+1$層。

法式裏油法經過折疊次數之麵糰層次為：所有折次相乘$+1$層。

例如：

1. 以法式裹油法經過3折一次，3折一次，4折一次之麵糰層次為：
   3×3×4＋1層＝37層
2. 以英式裹油法經過3折一次，3折一次，4折一次之麵糰層次為：
   2×3×3×4＋1層＝73層

鬆餅製程：

1. 麵糰攪拌至擴展前階段。
2. 鬆弛約15分鐘。
3. 使用法式包油法。
4. 折疊方式：3折4次或4折3次，最後整型成規定大小，鬆弛約25分鐘。
5. 分割麵皮厚度0.4公分，大小依規定之尺寸。
6. 整型，放置於烤盤。
7. 表面刷蛋水。
8. 裝餡。
9. 鬆弛約20分鐘。
10. 烤焙（220℃/190℃）約30分鐘。

備註：

1. 製作鬆餅時，攪拌所加入的水宜用：冰水（2℃）。
2. 鬆餅不夠酥鬆過於硬脆，乃因折疊操作不當。
3. 烤焙鬆餅體積不大、膨脹性小的可能原因：裹入用油熔點太低。
4. 鬆餅表面起不規則氣泡或層次分開，可能原因：整型後未予穿刺、未刷蛋水或刷的不均勻黏合處未壓緊、折疊時多餘的乾粉未予掃淨。

第七節　小西餅製程

小西餅製程與配方中材料比率有關：

1. 配方中麵粉100%、奶油50%、糖粉50%、雞蛋25%。以糖油拌合法攪拌，可配合成形方法爲：此配方油量與糖量相當，但是水量少，屬於酥硬性小西餅，宜用推壓成形法、割切成形法、手搓成形法製作，但是不用擠出成形法，因爲水分太少麵糰硬。

2. 配方中麵粉100%、奶油66%、糖粉33%、雞蛋20%。以糖油拌合法攪拌，可配合成形方法爲：此配方油量 > 糖量 > 水量，所以麵糊屬於鬆軟狀，可用擠出成形法，但是水量沒有超過35%以上，因此也能用手搓成形法製作。
3. 配方中麵粉100%、奶油33%、糖粉66%、雞蛋20%。以糖油拌合法攪拌，可配合成形方法爲：此配方糖量 > 油量 > 水量，屬於硬脆性小西餅，無法擠出成形法，但是以推壓成形法、割切成形法、手搓成形法等皆可。

蛋糕製程

CHAPTER 5

第一節　麵糊類（butter type cake）製程

此類蛋糕含有成分很高的油脂，用以潤滑麵糊，使產生柔軟的組織，一般麵糊類蛋糕，如：磅蛋糕、水果蛋糕、貝型蛋糕、黃蛋糕、魔鬼蛋糕、大理石蛋糕、布丁蛋糕……等。

一、主原料

1. 油脂選用注意事項

使用固體油脂爲宜，如果兩種以上的油脂時，在攪拌時油脂的軟硬度需一樣，以免結粒。例如：奶油存放冰箱中，若剛從冰箱拿出時硬度高，因此需事先拿出回溫軟化或單獨打軟後再拌入其他材料。

2. 砂糖選用注意事項

使用細砂糖或糖粉爲宜。

3. 麵粉：高、中、低筋麵粉均可使用。

一般選用低筋麵粉，如果配方中如蜜餞水果多時，可以使用高筋麵粉以防止蜜餞水果沉於底部。

4. 蛋選用注意事項

注意新鮮度。操作麵糊類蛋糕時，如果雞蛋溫度太低，乳化效果差，較不易拌入麵糊中。因此特別在冬天，隔水溫蛋之後再拌入麵糊中，乳化效果比較好。

二、副原料

1. 化學膨大劑

一般黃蛋糕使用發粉；巧克力蛋糕、咖啡蛋糕或深顏色蛋糕則用小蘇打。

2. 澱粉

一般使用小麥澱粉或玉米澱粉；澱粉可增加蛋糕組織細緻，用量過多則蛋糕鬆散。

3. 可可粉

使用高脂22～24%之可可粉爲宜。配方若增加可可粉，則需增加1.5倍液體材料（如：鮮奶、奶水或雞蛋），以使配方平衡。

4. 蜜餞果實

製作水果蛋糕時，蜜餞水果泡酒的目的：增加產量、平衡蜜餞水果和麵糊的水分、使蛋糕更溼潤柔軟，並增強其風味。製作水果奶油蛋糕，水果量多，宜採用粉油拌合法，水果比較不會沉底。相同裝模量，水果量愈多，蛋糕體積愈小，因爲水果入爐不會膨脹而麵糊會。水果量多時，宜用高筋麵粉製作，以防水果沉底。

5. 堅果類

需先行烤焙，使增加風味。

6. 香料

以粉狀或油性香精較適合。

7. 巧克力

巧克力須先加熱融化再拌入麵糊中。

8. 酒類

宜用酒精成分較高之酒類以增加風味。

9. 鮮奶或奶水

注意保存期限；若爲了節省原料成本，可以用奶粉與水以1:7比率調配成牛奶濃度。

三、攪拌方法

1. 糖油拌合法

糖與油脂先打發後，蛋分次拌入，再拌入麵粉及液態材料。

2. 粉油拌合法（適合於配方中油脂用量大於60%，否則油脂量太少，麵粉易出筋，造成蛋糕體積小）

麵粉與油脂先打發後，再拌入糖，蛋分次拌入，最後拌入液態材料。

3. 直接法（不適合於輕奶油蛋糕之攪拌）

將全部的材料一起倒入攪拌缸同時攪拌。

四、烤焙

1. 烤焙溫度約 160℃～ 180℃之間，約 40 ～ 60 分鐘。

2. 烤焙注意點

(1) 烤盤裝麵糊時，因其麵糊厚度較薄者採較高溫短時間烤焙，反之，以烤模盛裝麵糊，因其麵糊較厚，應採低溫長時間烤焙。

(2) 輕奶油蛋糕之配方中含有較多化學膨大劑，因此在烤焙時爐溫設定，應該與重奶油蛋糕有所差異，輕奶油蛋糕應該比重奶油蛋糕：高溫短時間。

備註：

1. 製作水果蛋糕若水果沉澱於蛋糕底部，可能原因：水果切太大、爐溫太低、水果未經處理（脫水或蜜餞水果須經冷水處理，洗淨外表糖漬，吸足水分與軟化表皮）、麵粉筋度不足、麵糊攪拌過於鬆發、麵糊太溼、配方中膨大劑太多。
2. 切開水果蛋糕，若水果四周呈現大孔洞且蛋糕切片時水果容易掉落可能原因：水果太乾。
3. 烤焙麵糊類蛋糕，出爐後不須翻轉冷卻，直接脫模冷卻。
4. 製作重奶油蛋糕，配方中含有杏仁膏，爲使其分散均勻，攪拌作業可先和油脂或雞蛋拌合，再拌入其他材料。
5. 蛋糕表面有白斑點是糖的顆粒太粗或是攪拌期間，麵糊未均勻攪拌造成糖顆粒沒有拌融化。
6. 麵糊類蛋糕體積膨脹不足可能原因：麵糊溫度過高或過低。麵糊攪拌後理想溫度爲22℃。
7. 麵糊類蛋糕在烤爐內體積脹很高，出爐後中央凹陷，可能原因：發粉過量。

8. 蛋糕在烤焙時麵糊急速膨脹或溢出烤模，致使成品中央下陷組織粗糙可能原因：膨大劑添加過量。

第二節　乳沫類蛋糕（foam type cake）製程

乳沫類蛋糕由於使用雞蛋的成分不同可分爲兩類，分別只用蛋白製作的蛋白類（meringue type），如天使蛋糕，此產品強調不含蛋黃成分，以及用全蛋製作的海綿類（sponge type）。

一、天使蛋糕（angel food cake）

天使蛋糕是屬於乳沫類中的蛋白類（meringue type）中的一種蛋糕。而由於烘烤出來後的蛋糕顏色呈現白色，和潔白無暇的天使一樣，所以我們稱這種蛋糕爲天使蛋糕。天使蛋糕依配方成分又區分爲：不添加油水與添加油水天使蛋糕，天使蛋糕配方中添加油水與不加油水主要差異：配方中添加油水產品比較溼潤，口感較佳。另外亦可以果汁取代水，水果香味將可以壓過蛋腥味並增加特殊風味，例如：檸檬天使、橘子天使、芒果天使……等，另外，果汁的酸，亦可讓蛋糕組織更柔軟細緻。

(一)主原料

1. 蛋白：最佳打發溫度爲17℃～22℃。
2. 砂糖：使用細砂糖及糖粉爲宜。細砂糖具有抑制蛋白打發起泡及穩定蛋白氣泡功能。
3. 麵粉：低筋麵粉較適合製作天使蛋糕，因爲麵糰筋性太強會影響蛋糕膨脹狀態。

(二)副原料

1. 塔塔粉（cream of tartar）：是一種酸性鹽（酒石酸鉀），主要作用爲降低蛋白的鹼性，使蛋糕更爲潔白，並增強蛋白的韌性，使蛋白在打發時較穩定，也能增加蛋白光澤且細膩。
2. 鹽：增強蛋白的韌性，亦可增加蛋白的白度，緩和蛋糕甜度和提味等功能。

(三)攪拌方法

1. 配方中所有蛋白與1/3細砂糖、鹽、塔塔粉在不含油脂或水的攪拌缸中，用網狀攪拌器，將蛋白打至起泡狀態。
2. 將配方中剩下的2/3糖倒入第一步驟，繼續用快速打至溼性發泡狀態。
3. 麵粉過篩，加入已打發好之蛋白中，拌勻即可，不可以攪拌過久，避免麵粉產生筋性，而影響蛋糕品質。

(四)裝模

裝模前模型不可抹油，麵糊可以塡入烤模或平烤盤中，如果裝塡後麵糊表面出現很多大氣泡，代表氣泡不穩定，被破壞而變大的氣泡浮出麵糊表面，當然烤焙出來的蛋糕組織一定不佳，膨脹狀態也不好，因此攪拌技巧是蛋糕製作重要關鍵，須用心體會。

(五)烤焙

1. 烤焙溫度爲160℃～180℃。
2. 麵糊較薄或模型較小者以高溫度短時間烤焙，底火低於上火。
3. 麵糊較厚或模型較大者以低溫度長時間烤焙，底火高於上火。
4. 烤焙過久時蛋糕邊緣會有收縮。

(六)判別是否烤熟兩個方法

1. 用手輕按蛋糕表面中心點若有彈性，即已烤熟。
2. 以竹籤插入蛋糕中心點內，抽出竹籤後看是否有生麵糊黏竹籤上。如果沒有黏麵糊代表蛋糕已經熟，反之未熟。

(七)出爐

1. 烤模裝塡麵糊蛋糕出爐時，烤模先在工作桌上敲扣（目的是排出水蒸氣，防止蛋糕下陷）後再倒置放在出爐架上，等冷卻後才脫模。
2. 平烤盤裝塡麵糊蛋糕，出爐後須馬上脫模，脫膜後把蛋糕圍邊的紙撕開，以免蛋糕邊緣產生收縮現象。另外表面最好蓋上紙張，以免蛋糕水分蒸發後太乾，導致蛋糕捲表面龜裂。

(八)補充蛋白打發相關資料

1. 攪拌蛋白四個階段

(1) 起泡狀態蛋白：蛋白經拌打後呈液體狀態，表面浮起很多不規則的氣泡。

(2) 溼性發泡期：蛋白經攪拌後漸凝固起來，表面不規則的氣泡消失，而變爲許多均勻的細小氣泡，蛋白潔白而具光澤，用手指勾起時成細長尖峰，倒置時呈現彎曲峰，此階段即爲溼性發泡。

(3) 乾性發泡期：蛋白打至乾性發泡時無法看出氣泡的組織，顏色雪白而光澤，用手指勾起時呈堅硬的尖鋒，即使將此尖鋒倒置也不會彎曲。

(4) 棉花狀態期：蛋白已完全成球形凝固狀，用手指無法勾起尖鋒，此階段稱爲棉花狀態，此階段爲過度打發，將會出現離水狀態並滲出水分，氣泡容易崩壞，烘烤出來的蛋糕體積會變小，表面會形成小孔洞。而且水分容易被蒸發，所以會烘烤成較乾燥的蛋糕。

2. 影響蛋白起泡的因素

(1) 蛋的新鮮度和品質。

(2) 溫度：蛋白最佳打發溫度爲17℃～22℃。蛋白溫度愈低愈難打發。

(3) 攪拌程度：當泡沫體積達到頂點時，攪拌時間再增加，反而使泡沫體積變小且破壞泡沫之穩定性。

(4) 酸：蛋白中加入少許酸可以增加蛋白韌性，幫助泡沫的形成和穩定，酸性材料如：塔塔粉、檸檬汁等。

(5) 糖：糖具有抑制蛋白起泡及穩定泡沫之效果。

(6) 油脂：油脂的存在會阻礙泡沫的形成，減小體積，所以打蛋白時注意，應將容器中的油脂洗淨擦乾。

3. 蛋白霜

什麼是蛋白霜？製作蛋白霜的材料非常簡單：只有蛋白和砂糖。

蛋白主要是由蛋白質和水組成，蛋白質則是由一連串的氨基酸組成，其中又有分親水性和疏水性的氨基酸。如果把它們想像成是一連串的帶電磁性小螺絲釘，原本帶正電極小螺絲釘與帶負極小螺絲釘被串連在一起，當用力攪拌它時，螺絲釘就鬆脫，帶電極的螺絲釘鬆脫之後，就會去尋找適合吸引磁場聚集。就如同親水性氨基酸會去尋找水，疏水性的氨基酸就逃離水尋找油脂或保持乾爽一樣。

當用打蛋器打蛋白的時候，大量的空氣就會進入蛋白，一部分的蛋白質會與空氣接觸，而一部分的蛋白質則會與蛋白中的水接觸。由於有親水和疏水的氨基酸，他們就會重新組合，使得親水的面向水，而疏水的面向空氣。經過打發的蛋白因此形成全新的結構，重新排列，變成綿綿的蛋白霜。

當蛋白打發到一定的程度，就可加入砂糖，砂糖溶解後和蛋白中的水分黏接，使蛋白霜中的氣泡變得安定，不容易塌下，也使蛋白霜膨脹變大，且有緊實的氣泡。

4. 蛋白霜的種類

雖然蛋白霜的材料簡單，可是卻有三種不同的製法，分別爲法式（French Meringue）、義式（Italian Meringue）和瑞士（Swiss Meringue）。它們的做法、口感、特點和應用各有不同。所以說蛋白霜是做甜點其中一門重要的學問絕不爲過。

(1) 法式蛋白霜

法式蛋白霜可說是三種蛋白霜中最容易製作的一種，因爲只需要在蛋白中加入砂糖打發而成，所以也是三種方法中最常見於食譜的一種。

法式蛋白霜也可以透過加入不同的材料調成不同的口味，一般都是加入乾性的材料，如：可可粉、咖啡粉等等。常見的用法是拌入麵糊當中烘烤，像是戚風蛋糕即是使用法式蛋白霜做混合，來增添其輕盈感和空氣感。除了製成蛋白餅直接食用外，也可以變成法式小圓餅，或與奶油餡組合。

要注意的是因爲法式蛋白霜只經過打發製成，所以也是三種蛋白霜中最不穩定的，比較容易消泡。

(2) 義式蛋白霜

義式蛋白霜可算是三種蛋白霜中最難製作的，但也是最穩定的一種。因爲糖漿的糖分含量較高，所以蛋白霜所吸收的糖分也較多，相對的質地較爲細緻，製作出來的蛋白霜十分穩定且柔軟，不容易垮塌。它比法式的蛋白霜軟，口感清爽。

做法方面則是將細砂糖加水，加熱煮成糖漿至約攝氏110～120℃，在稍稍打發的蛋白，一邊緩緩加入熱糖漿，一邊攪拌至發泡。最後打發成具光澤的蛋白霜即成。

由於義式蛋白霜比較軟，一般不會單烤使用，而是成爲其他食譜的一部分。像是奶油糖霜或是於蛋糕裝飾。當然也加在塔上，傳統檸檬塔上用火槍輕輕燒過的蛋白霜一般都會用義式蛋白霜。

另外由於義式蛋白霜會用加熱的糖漿，食用也比較安全。

(3) 瑞士蛋白霜

最後介紹的瑞士蛋白霜不會用熱糖漿，而是以隔水加熱的方法製成，可說是介於法式和義式的中間。

話雖如此，瑞士蛋白霜的成品在口感和應用上和其他兩種還是非常不同。口感方面瑞士蛋白霜的黏性最強，口感綿密，比較堅硬，所以可以單烤使用，也有點像棉花糖的質感。因質地硬挺不易消泡，擠出來的蛋白霜線條明顯，多用於表面的裝飾，並且可用火槍烘烤表面，會呈現焦糖色的漂亮效果。由於它穩定性高，也可以製成奶油糖霜或作爲蛋糕的底座。染色後也可以製成不同的形狀作裝飾。

做法則是先打蛋白攪散，加入全部的砂糖，然後用40～50℃的溫度隔水加熱，待砂糖融化後停止加熱，打發至紮實的狀態即可。

各種蛋白霜口感、黏性與製法比較表

	法式蛋白霜	義式蛋白霜	瑞士蛋白霜
口感	入口即化	清爽、軟身	綿密、堅硬
黏性	強	最弱	最強
製法	直接打發	加糖漿打發	隔水加熱

二、海綿蛋糕（sponge cake）

海綿蛋糕依製作方法又細分爲：全蛋海綿蛋糕、SP海綿蛋糕、分蛋海綿蛋糕、指形蛋糕及法式杏仁海綿蛋糕（biscuit joconde）。海綿蛋糕麵糊的製作方法中，充滿著製作糕點的技巧和基礎。

(一)主原料

1. 全蛋：雞蛋的鮮度較差時，蛋白的彈力較差，會更易於打發。
2. 砂糖：使用細砂糖爲宜，細砂糖具有抑制蛋白打發起泡及穩定蛋白氣泡功能。

   海綿蛋糕麵糊中砂糖的作用：

   (1) 賦予甜味。

   (2) 使雞蛋氣泡不易崩壞，烘烤完成時能有細緻的口感。

   (3) 具有保水性，可以使蛋糕烘烤後具有潤澤的口感。

   (4) 可減緩澱粉老化，放置後仍能保持糕點的柔軟性。
3. 麵粉：以低筋麵粉爲宜，麵糰筋性太強會妨礙麵糊膨脹。

(二)副原料

1. 澱粉：採用小麥澱粉（澄粉）及玉米澱粉（玉米粉）。添加量以10～20%爲宜，澱粉幫助蛋糕組織細緻。添加過量，蛋糕口感鬆散，組織無彈力，蛋糕老化快。
2. 油脂：食用油脂均可使用

   液態油使蛋糕體較柔軟，體積較大。反之固態油脂較硬，體積較小。

   液態油如：沙拉油，橄欖油，較沒香味。至於像芝麻油，由於味道太強，不宜使用。固態油脂必須經融化才可使用，奶油爲宜，可增加蛋糕濃郁風味。

使用沙拉油會形成良好的膨脹，有以下兩個理由：

(1) 不易破壞雞蛋的氣泡

沙拉油是液狀的，黏性較融化奶油低，可以更迅速地分散在麵糊當中。就可以減少麵糊的混拌次數，而不易破壞雞蛋中的氣泡，這就是能夠形成良好膨脹的原因。

(2) 賦予柔軟彈性，不會阻礙氣泡的膨脹

烘烤前的海綿蛋糕麵糊，是糊狀麵粉中存在著無數的雞蛋氣泡所構成的組織，油脂會在糊狀麵糊中分散。沙拉油黏性較融化奶油低，可以更有柔軟彈性。放入烤箱，雞蛋氣泡中的空氣及麵糊和麵糊中的水分膨脹，體積增加並藉由這樣的動態使得麵糊展延而烘烤成較大的體積。

3. 可可粉：使用高脂（22～24%）可可粉。

因可可粉含油脂容易導致麵糊消泡，使得蛋糕體變得堅硬，故攪拌時須特別注意，麵糊攪拌程度需比沒添加可可粉時少，以免麵糊消泡。

可可粉易溶於油脂中，操作時如果將液態的鮮奶拌入此可可油脂液態中，攪拌後將會很神奇出現固態現象，主要是可可粉吸水性很強，吸收液態的鮮奶後，就呈現固態現象。因此操作時盡量避免鮮奶拌入可可油脂中。

4. 奶水：配方添加奶水（烘焙百分比30%），蛋糕組織會更細緻，口感更柔潤。配方設計如果水分量過少，澱粉糊化的水分不足，無法形成柔軟的口感，所以增加水分可以讓澱粉吸收到較多水分，而形成柔軟的糊化狀態，烘烤完成時才能有柔軟的口感。

(三)攪拌方法

1. 全蛋攪拌

(1) 全蛋與砂糖一起隔水加溫至37℃～42℃（因爲溫蛋可以削弱雞蛋的表面張力，也可以更容易攪打出氣泡），不要超過43℃以上，

否則雖然更容易打發，但是氣泡太大而不穩定，易破裂而消泡。

(2) 倒入攪拌機，以高速攪拌，攪拌到蛋液體積增加，顏色變乳白時調整攪拌速度，調到慢速，因爲雞蛋最理想的泡發程度是全體有膨脹感，而且氣泡呈現小而細的狀態。這種發泡狀態的雞蛋，製作海綿蛋糕，烘烤完成的口感就會綿密細緻。調整攪拌速度目的：以高速攪打，雞蛋會飽含空氣形成較大的氣泡；以低速攪拌，因空氣不易進入其中所以氣泡較小。此外，即使打出了較大的氣泡，也會因接觸到攪拌器的鋼線而產生分化，變成較小的氣泡。將這些特性加以活用，以高速再改爲低速，就可以在最初時增加氣泡量、增加全體的膨脹，接著再將其打發成均勻細緻的氣泡。攪拌完成的兩種判斷方式：一、以手勾起蛋糊，蛋糊停留時間約2～3秒鐘後才滴落。二、用塑膠刮刀掏起蛋糊時，會如緞帶般流下，在攪拌缸中的蛋糊上形成折疊狀態，再緩緩沒入蛋糊中。

(3) 麵粉過篩後徐徐加入蛋糊內，輕輕拌合均勻。盡量避免麵粉集中拌入，因爲會造成麵粉很難拌溶於打發蛋液中。攪拌麵粉時也要避免過分攪拌，因爲攪拌太久，氣泡會被破壞，而且產生麵糰筋性，使麵糊的黏性過強，導致減弱麵糊烘烤後的膨脹狀態。

(4) 拌入油脂及奶水，拌入前油脂及奶水需加溫到約60℃，因爲如果溫度太低，油脂黏性強，流動性差（黏稠狀），難以混拌至麵糊中。溫度高，油脂黏性弱，流動性佳（流動狀），易混拌至麵糊中。但是如果溫度太高，將會導致氣泡膜的表面張力變差，氣泡易崩解而消泡，而且麵糊與油、奶水攪拌後，麵糊溫度最好控制在25℃左右，打發的蛋液泡沫比較穩定。另外拌入油脂及奶水時盡量避免如水柱般倒入麵糊中，否則由於直接注入同一位置，倒入位置的氣泡會被破壞，而且奶油會沉澱至麵糊底部，變得難以混拌，導致蛋糕沉底現象。因此拌合油脂與奶水兩種技巧：一、取部分打發麵糊與油脂、奶水先混合後再倒入攪拌缸中與麵糊拌合，由於處理後的油脂與奶水比重較輕，更接近麵糊比重，因此更易於與麵糊混合。二、將油脂與奶水倒在刮板上，讓油脂與奶水分散在麵糊表面，然後再輕輕拌勻。

如果一樣的配方，比較全蛋攪拌法與分蛋攪拌法所製作產品特性差異：全蛋攪拌法製作的海綿蛋糕，口感綿密且具有潤澤柔軟的口感；而分蛋攪拌法製作的海綿蛋糕，體積比較大，口感較爲鬆散。

2. SP 海綿蛋糕

SP海綿蛋糕配方基本架構如表十二所示，配方特色是含有SP蛋糕乳化劑。

(1) 全蛋與砂糖一起隔水加溫至37℃～42℃。

(2) 低筋麵粉與泡打粉一起過篩後拌入，快速打發約5～10分鐘。

(3) 加入SP後再快速打發約1分鐘。

(4) 沙拉油與牛乳一起加熱到約60℃後拌入。

(5) 裝模。

(6) 烤焙。

3. 分蛋攪拌（蛋黃打發）

蛋分成蛋白及蛋黃兩部分。

(1) 蛋黃 + 1/3砂糖混合加溫40℃左右，使砂糖溶解攪拌至乳白色或不打發亦可。

(2) 蛋白 + 2/3量砂糖，溫度冷卻至約17℃，攪拌至溼性或乾性發泡。

(3) 打發蛋黃與打發蛋白混合後，麵粉過篩加入，輕輕拌合均勻。在操作感覺上與戚風蛋糕一樣，都是蛋白與蛋黃分開操作，但是還是有很大差異，就是分蛋攪拌法中蛋黃與蛋白分別打發，打發的蛋黃與蛋白混合，再拌入麵粉，而戚風蛋糕的麵粉是溶於蛋黃液中，再與打發蛋白混合。主要原因是：戚風蛋糕配方有足夠液態材料與麵粉溶合，溶合後戚風蛋糕的蛋黃麵糊呈現液態，如果一定要將分蛋操作法海綿蛋糕的麵粉，拌入蛋黃，將會產生固態而難以操作。

分蛋打發，在蛋白霜中加入蛋黃及麵粉，以橡皮刮杓彷彿切開麵糊般地混拌。蛋不只是切開，必須將蛋黃及麵粉拌入切開的蛋白霜當中，使全體不致分散，在切開的同時必須將鋼盆底部的麵糊也舀起來切拌，並重複這個動作。像這樣分蛋法的海綿蛋糕麵糊與全蛋打發法的麵糊，混拌方式也有所不同。全蛋打發的麵糊較具流動性，所以用刮杓推壓般地翻動麵糊，使材料可以滑入氣泡及氣泡間地加以混拌。但分蛋打發法因蛋白霜的流動性較低，即使用刮杓混拌氣泡也不太會滑動，因此用橡皮刮杓切開蛋白霜，將其他材料混拌至其中，是比較適合的方法。分蛋打發法海綿蛋糕麵糊最大的特徵是，比全蛋法海綿蛋糕麵糊的流動性更低，麵糊會產生光澤，以刮杓舀起，麵糊整體一致地向下滑落的硬度。盡量不破壞蛋白氣泡混拌完成，麵糊是可以被擠出來的硬度，擠出的麵糊能保持中央鼓起的狀態。如果過度混拌，蛋白的氣泡會被破壞，變成具流動性的柔軟麵糊。這樣擠出的麵糊立刻攤平變大也會向四周攤開，無法烘烤出漂亮的成品。

(4) 添加水分及油脂混合拌勻。

(5) 擠壓型的蛋糕麵糊，入爐前先在表面篩灑糖粉。

篩灑糖粉會融化在麵糊的表面，烘烤完成時會成細小固體的粒狀。法語將這些烘烤產生的粒狀，稱爲散落的珍珠「perle」。

篩上糖粉製作珍珠的三大理由：一、外觀看起來美觀；二、麵糊可以更加的膨脹；三、可以製作出表面香脆，中央輕軟的口感。

麵糊烘烤膨脹，表面的糖粉會融化固定成珍珠般的粒狀，支撐膨脹起來的麵糊，當蛋糕從烤箱拿出來，可以保持住膨脹著的狀態。另外，在海綿蛋糕表面因融化的糖粉凝固冷卻後，會形成表面香脆，同時中央卻輕柔的口感。完美的珍珠要訣是指在麵糊的表面製作出如珍珠般圓形顆粒，想要順利地製作，重點就在於糖粉必須分成兩次篩上，第一次篩上糖粉融化後再篩上第二次糖粉，待篩上的糖粉略微融化後倒掉多餘的糖粉再送入烤箱。

4. 指形海綿蛋糕（蛋黃不打發）

配方與全蛋海綿蛋糕類似，只是將蛋白與蛋黃分開，至於配方中的糖全部與蛋白一起打發。在操作上蛋黃不打發只打散即可與打發蛋白混合，再拌入麵粉。如果一樣的配方，比較指形海綿蛋糕法與分蛋攪拌法製作產品的特性差異：指形海綿蛋糕法比分蛋攪拌法操作更簡單，所製作的指形蛋糕形狀更漂亮。

5. 法式杏仁海綿蛋糕

配方中增加杏仁粉，其製程：先將杏仁粉、糖粉與全蛋一起稍作打發，再與打發蛋白混合，拌入麵粉後再拌入已經融化的奶油。此操作方法特色：產品具有淡淡杏仁香味。

(四)攪拌之注意點

1. 使用之器具應洗淨，勿有油分，否則易使蛋無法起泡。
2. 蛋與砂糖需隔水加溫，但勿超過43℃以上，以免蛋糕組織粗糙。
3. 麵粉拌入時需攪拌均勻以免蛋糕底部呈現顆粒，同時必須注意不要攪拌過度造成消泡以致蛋糕呈扁平狀。
4. 油與奶水需加溫到60℃左右，並注意拌合技巧。

(五)裝模

麵糊可以填入烤模或平烤盤中，如果裝填後麵糊表面出現很多大氣泡，代表氣泡不穩定，被破壞而變大的氣泡浮出麵糊表面，當然烤焙出來的蛋糕組織一定不佳，膨脹狀態也不好，因此攪拌技巧是蛋糕製作重要關鍵，須用心體會。

(六)烤焙

1. 烤焙溫度爲160℃～180℃。
2. 麵糊較薄或模型較小者以高溫度短時間烤焙，底火低於上火。
3. 麵糊較厚或模型較大者以低溫度長時間烤焙，底火高於上火。
4. 擠出成型者採上火高溫度（200℃以上）烤焙。
5. 烤焙過久時蛋糕邊緣會有收縮現象。

(七)判別是否烤熟兩個方法

1. 用手輕按蛋糕表面中心點若有彈性，即已烤熟。
2. 以竹籤插入蛋糕中心點內，抽出竹籤後看是否有生麵糊黏在竹籤上。如果沒有黏到麵糊代表蛋糕已經熟了，反之未熟。

(八)出爐

1. 烤模裝填麵糊蛋糕出爐時，烤模先在工作桌上敲扣（目的是排出水蒸氣，防止蛋糕下陷）後再倒置放在出爐架上，等冷卻後才脫模。
2. 平烤盤裝填麵糊蛋糕，出爐後須馬上脫模，脫膜後把蛋糕圍邊的紙撕開，以免蛋糕邊緣產生縮收現象。另外表面最好蓋上紙張，以免蛋糕水分蒸發後太乾，導致蛋糕捲表面龜裂。

(九)刷糖漿

由於海綿蛋糕口感比較乾燥，爲了增加溼潤感以及特殊香味，一般師傅喜歡選用糖漿。特別是糖漿配方中的酒，可以和蛋糕成品所使用的水果口味相互搭配，例如：草莓鮮奶油蛋糕適合搭配櫻桃白蘭地，柳橙口味適合搭配香橙干邑甜酒（Grand Marnier），鳳梨口味則適合搭配蘭姆酒。一般糖漿配方相當簡單就是：水100，糖50，再加入適量（約75）的酒即可。

備註：

1. 傳統長崎蛋糕其配方當麵粉100%時，砂糖用量應爲180～200%。
2. 長崎蛋糕的烘焙時，進爐後大約烤3分鐘，必須拉出於表面噴水霧，並做消泡動作。
3. 長崎蛋糕烤焙前必須做消泡動作，其目的：使氣泡細緻、麵糊溫度均衡、如此才可得到平坦膨脹的產品。
4. 海綿蛋糕在烘焙過程中收縮之可能原因：蛋糕在爐內受到震動而消泡、配方內糖或油用量太多、蛋不新鮮、麵粉用量不夠、麵粉筋性太強、使用過度漂白的麵粉、爐溫太低、配方內發粉太多、蛋拌打過發、出爐後應倒扣而未倒扣、烤模抹油太多、烤模裝麵糊數量不夠、出爐倒扣等完全冷卻才脫模。
5. 海綿或戚風蛋糕的頂部呈現深色之條紋係因：上火太大。
6. 海綿蛋糕下層接近底部處如有黏實的麵糊或水線，可能原因：攪拌時未將油脂拌勻。
7. 造成海綿蛋糕內部有大孔洞可能原因：攪拌不夠發或過發、底火太強、麵糊攪拌太久。

8. 海綿蛋糕出爐後發生嚴重凹陷可能原因：烤焙不足。
9. 烤焙海綿蛋糕爐溫太高將導致：蛋糕頂部破裂、表皮顏色過深、蛋糕容易收縮。

第三節　戚風類（chiffon type cake）製程

戚風是由英文chiffon音譯，原意指輕盈飄逸的雪紡紗，意謂此蛋糕如薄紗一般柔軟；戚風蛋糕組織鬆軟，水分充足，氣味芬芳，口感清爽，入口即化，適宜裝飾做成鮮奶油蛋糕或冰淇淋蛋糕，廣受消費者喜歡。戚風類蛋糕體積膨發原理和乳沫類蛋糕一樣：利用雞蛋中強韌和變性的蛋白質，在攪拌過程中蛋白質包住氣體，雞蛋可以打發的性質，稱爲「發泡性」，包含在雞蛋中的空氣與配方中材料的水分，在烤爐中空氣熱膨脹與水變成水蒸氣，使麵糊體積變大，再藉由澱粉糊化與麵粉中蛋白質（麵糰筋性）以及雞蛋中蛋白質熱凝固，將體積定型，以建築物而言，澱粉就像可以使牆壁更堅固的水泥作用，麵糰筋性當支撐用骨架，就像柱子般的效果，另外雞蛋中蛋白質打發形成氣泡沫也因加熱而凝固，而形成膨鬆組織。

戚風蛋糕主要製程是麵粉融於蛋黃糊再與打發蛋白拌合，由於蛋糕師傅不斷研發出各種製作方法，在此將戚風蛋糕製作方法細分爲：傳統戚風蛋糕法、燙麵戚風蛋糕法、水浴蒸烤戚風蛋糕法、添加杏仁膏戚風蛋糕法及添加巧克力戚風蛋糕法。傳統戚風蛋糕法：傳統戚風蛋糕製作程序，將雞蛋分成兩部分，即蛋黃製作麵糊而蛋白製作乳沫，最後兩部分拌合後直接進烤爐烘烤。燙麵戚風蛋糕法：燙麵法與傳統戚風蛋糕法類似，主要差別在於蛋黃糊製程上，有經過加熱，亦即先將鮮奶加熱到約80℃後拌入麵粉與蛋黃，即成爲蛋黃糊，最後兩部分拌合後直接進烤爐烘烤。水浴蒸烤戚風蛋糕法：水浴蒸烤法與傳統戚風蛋糕製作程序類似，主要差別在於入爐烤焙時，烤盤墊水蒸烤，由於水浴蒸烤關係，成品口感較溼潤。添加杏仁膏戚風蛋糕法：由於杏仁膏保溼性佳又具有淡淡杏仁香味，深受消費大眾喜歡，因此漸漸廣泛應用於常溫蛋糕配方中。添加巧克力戚風蛋糕法：傳統巧克力蛋糕，配方只考慮到添加可可粉，雖然節省原料成本，但卻漸漸失去特色。由於巧克力風味深受肯定，巧克力成分不同，所製作出巧克力蛋糕，截然不同。市面上巧克力製造商琳瑯滿目，因此有各種成分供選擇，所以用巧克力研發巧克力蛋糕時，挑選哪種巧克力做最佳搭配組合，成爲商業機密。

一、主原料

1. 麵粉：戚風蛋糕因麵糊中水分量較其他蛋糕的比例高出許多，因此麵粉的性質必須新鮮和良好，使其在攪拌和烤焙過程中不但能容納麵糊內的水分，而且要能支持蛋糕膨大，不使出爐後過度的收縮。以低筋麵粉爲優先考量，至於中筋和高筋麵粉較不適宜做戚風蛋糕。
2. 糖：普通精緻砂糖適合做各類蛋糕使用，但是製作乾果戚風蛋糕或蜂蜜戚風蛋糕時，可使用一部分紅糖或蜂蜜、糖蜜等來代替細砂糖使用，以獲取特殊的香味。粗砂糖不易溶解於麵糊，所以做蛋糕時不適合用粗砂糖。
3. 蛋：選用新鮮雞蛋爲做戚風蛋糕最主要的條件。在本類蛋糕中需將雞蛋的蛋白和蛋黃分開，把蛋白用在乳沫類部分，而蛋黃用麵糊類部分。夏天雞蛋的韌性較差，蛋黃極爲柔軟，易致破散，如在分蛋白時不慎將蛋黃弄破污染到蛋白，被污染的蛋白就很難再拌打起泡了，所以在天氣炎熱的季節裡，在分蛋白前最好把雞蛋放入冰箱冷藏一兩個小時後來操作，就容易得多了。

二、副原料

1. 油：爲了使麵糊容易拌合均勻應該使用液體油脂，目前市面上出售最理想的液體爲沙拉油，因其不含任何不良的味道，顏色亦較純淨。如果爲了增加風味而使用固態油脂時，攪拌前需將油脂加熱軟化後再添加。
2. 奶水、果汁：奶水和果汁是調解配方內水分和口味時選用，爲節省成本，可用脫脂奶粉調配成鮮奶的濃度，其比例爲水88%，脫脂奶粉12%（一般使用上爲簡便計算可以水90%、奶粉10%），在使用時可把所需之奶粉與水一起拌勻當作鮮奶使用。亦可用罐頭蒸發奶水，調配成鮮奶成分，依照配方中奶水的用量減半，另一半以水來代替即可。果汁的種類很多，可以依配方內總水量的數量視果汁的濃度來調配，新鮮水果汁最爲理想。檸檬汁應視需要的酸度稀釋後使用，濃縮果汁必須稀釋到原來的濃度才可使用，果汁和奶水不便混合使用，否則奶水遇酸會凝固，結成粒狀無法溶解。

3. 鹽：鹽在戚風蛋糕中的功能促進配方中其他原料發揮其應有的香味，具提味功能，麵糊中添加鹽可緩和蛋糕的甜度，使人較不會生膩。
4. 蘇打粉：蘇打粉亦稱小蘇打，是一種鹼性物質，可增加蛋糕鹼性，pH值增高，蛋糕內部及外表皮顏色加深。故魔鬼蛋糕、巧克力蛋糕、黑森林蛋糕及其他含可可粉或巧克力等的材料，需要加深顏色（深紅黑色）如豆沙餡可單獨使用蘇打粉。
5. 塔塔粉：塔塔粉是一種酸性物質，它主要用在蛋白部分中和蛋白的鹼性，並增加蛋白的韌性，在做巧克力戚風蛋糕時，爲了調節蛋糕內部的顏色可考慮減少用量或不用，改用小蘇打粉。
6. 可可粉：可可粉是用來製作巧克力戚風使用，所以在使用前最好能把可可粉先溶於配方的一部分水中或油中，放在爐上加熱，使其完全融化後再冷卻加入麵糊內攪拌，或者將可可粉與麵粉一起過篩，使其顆粒全部分散，可可粉溶於油中，所製作出來的蛋糕顏色深於可可粉與麵粉一起拌的蛋糕顏色。
7. 咖啡粉：採即溶咖啡爲宜。
使用量爲麵糊總重量之2～3%。應和熱水混合使用，可添加少許焦糖增加風味及色澤。

三、攪拌方法

1. 蛋黃麵糊

先將溼性材料（油、奶水與香料）倒入鋼盆中，與糖、鹽攪拌到糖融化，再加入麵粉拌勻，最後拌入蛋黃。

2. 蛋白乳沫

蛋白與糖打發前，先檢查配方中糖與蛋白比率，如果糖量少於蛋白一半，則可以全部糖與蛋白一起打發；相反，糖量大於蛋白一半時，糖必須分次拌入，否則由於糖的抑制起泡特性，讓蛋白很難打發。

先取1/3乳沫與麵糊拌勻後，再將剩下麵糊一起拌勻，即可裝模入烤箱。

蛋白打發程度對產品影響如下：

(1) 蛋白打到溼性發泡：產品組織較細膩，口感較能入口即化，但體積較小，蛋糕表面比較有皺紋。

(2) 蛋白打到乾性發泡：產品組織較粗糙，口感較差，但體積較大，蛋糕表面較完整。

四、裝模

麵糊可以填入烤模或平烤盤中，如果裝填後麵糊表面出現很多大氣泡，代表氣泡不穩定，被破壞而變大的氣泡浮出麵糊表面，當然烤焙出來的蛋糕組織一定不佳，膨脹狀態也不好。

五、烤焙

1. 烤焙溫度爲160℃～180℃。
2. 大型或厚蛋糕應用低溫長時間（約160℃），且底火高於上火。
   小型或淺蛋糕應用高溫短時間（約180℃），且底火低於上火。
3. 烤焙過久時蛋糕邊緣會有收縮現象。

六、判別是否烤熟兩個方法

1. 用手輕按蛋糕表面中心點若有彈性，即已烤熟。
2. 以竹籤插入蛋糕中心點內，抽出竹籤後看是否有生麵糊黏竹籤上。如果沒有黏到麵糊代表蛋糕已經熟了，反之未熟。

七、出爐

1. 烤模裝填麵糊蛋糕出爐時，烤模先在工作桌上敲扣（目的是排出水蒸氣，防止蛋糕下陷）後再倒置（翻轉）放在出爐架上，稍微冷卻即脫模（不需等完全冷卻）。

2. 平烤盤裝填麵糊蛋糕，出爐後須馬上脫模，脫膜後把蛋糕圍邊的紙撕開，以免蛋糕邊緣產生收縮現象。另外表面最好蓋上紙張，以免蛋糕水分蒸發後太乾，導致蛋糕捲表面龜裂。

※蛋糕製作失敗原因探討

蛋糕製作看似簡單，但是實際操作時，往往會碰到問題而令人感到挫折，因此在此經驗分享，將作者個人經驗與參考資料重點與讀者分享，期望讀者在製作上碰到類似問題，能從中找到解決答案。

※戚風蛋糕常見的失敗原因

(一)蛋白無法打發

可能原因：

1. 蛋白沾到油、水、蛋黃，而影響蛋白打發。
2. 糖量比率多且糖太早拌入蛋白中，由於糖有抑制起泡現象，因此不易打發。

(二)蛋糕底層會出現油皮或溼麵糊沉澱

可能原因：蛋黃與糖、油、牛奶等攪拌不均勻，乳化不完全。

(三)蛋糕上表面接近上層會出現溼麵糊現象

可能原因：烤焙不足。

(四)蛋糕底部凹陷

戚風倒扣脫模後，底部下凹，形成很典型的倒環形山狀窟窿。

可能原因：

1. 底火太高，底部烘烤過度，導致底部上縮
2. 在溫度調節準確的情況下，麵糊放置離加熱下管太近。
3. 配方中用高筋麵粉製作。
4. 麵糊攪拌過度，造成麵粉出筋。

注意：

1. 要注意烤焙溫度，常見溫度在155℃～180℃之間，要充分考慮自己家烤箱的準確度。
2. 烘焙戚風蛋糕一般放在中下層，不能放在距離加熱管過近的地方。

(五)蛋糕回縮

戚風蛋糕出爐時，脹得很高，短時間內縮成餅狀，從外向內塌陷，形成「小蠻腰」現象可能原因：

1. 使用前模具內壁有油漬，黏附力不強，造成回縮。
2. 蛋黃糊沒有攪拌均勻，油脂沒有充分乳化，有顆粒感，造成回縮。
3. 攪拌麵糊時間過長，用力過大，導致出筋，涼後導致回縮。
4. 蛋白打發不足，未達到半乾性發泡，蛋白狀態不穩定，造成回縮。
5. 出爐後蛋糕尚未冷卻，蛋糕架構不穩定即脫模。

注意：

1. 攪拌麵糊時手法動作要輕，速度要快。
2. 麵糊攪拌完成後，應馬上放進烤箱，不可過長時間放置室外，會導致麵糊消泡，造成回縮。
3. 出爐後應即時倒扣。
4. 烘焙過程中短時間內不可過多調溫，也不能開爐門時間過長、次數過多。
5. 烘烤的時間也不可過長，水分流失多會導致蛋糕體回縮。

(六)蛋糕組織不細膩

戚風蛋糕切開後，剖面有明顯大氣孔的情形。

可能原因：

1. 蛋白打發不足，未達到半乾性發泡，蛋白狀態不穩定，烘烤後會出現氣孔。
2. 蛋糕糊倒入模具時，用力過大，捲入空氣，產生氣泡。

注意：

1. 在打蛋白的時候，最後一分鐘應該爲整理氣泡，低速攪打一分鐘，有助於將其中的大氣泡趕走。

2. 放入烤箱之前，用力往檯面上震兩下模具，以消除麵糊中氣泡，也可以用牙籤以Z字形劃掉表面氣泡。

(七)蛋糕中央有裂口其原因

爐溫太高。

(八)製作蒸烤乳酪蛋糕時，發現乳酪沉底，可能原因

蛋白打發不夠、乳酪麵糊溫度太低、蛋白與乳酪麵糊攪拌過度、蛋白與乳酪麵糊攪拌不勻。

(九)蛋糕烤焙後體積膨脹不足原因

膨大劑添加太少、麵糊打發不足。

(十)烤焙中蛋糕收縮可能原因

麵粉使用不當、膨大劑使用過量、打發過度。

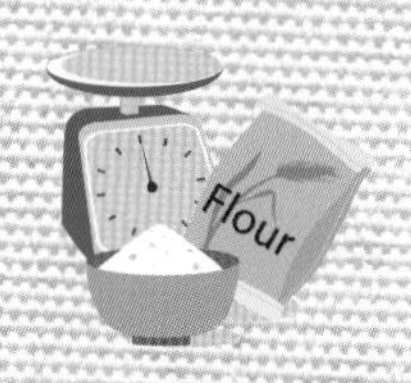

CHAPTER 6 西點蛋糕配方

第一節　奶油空心餅（泡芙）

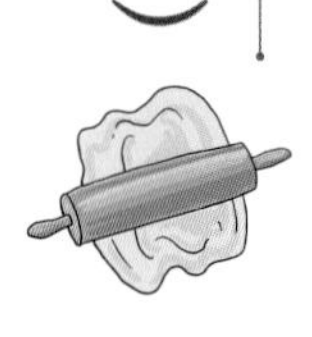

奶油空心餅製程

1. 將水、鹽、沙拉油煮沸。
2. 加入高筋粉煮到糊化（麵糊不黏缸）。
3. 倒入攪拌缸，分次加入蛋拌勻。
4. 用蛋調整軟硬度。
   （黏附在刮刀上的麵糊成三角形之薄片，而不從刮刀上滑下）
5. 用平口花嘴擠在墊油紙的平烤盤上。
   （直徑約 6 公分，重約 40 公克）
6. 擠好之麵糊應馬上進爐，不可在烤盤上擱置太久，以免結皮。
7. 進爐前若擱置太久，在表面噴點水，可幫助成品脹大。
8. 烤焙：溫度 210/220℃約 25 分鐘後再降溫 180/150℃至熟。
   （用手指輕測產品的腰部，如感覺到堅硬易脆裂即可出爐）

奶油布丁餡餡製程

1. 鮮奶與奶油煮沸，加入糖後繼續煮到急滾。
2. 蛋稍打發，再加入玉米粉拌勻。
3. 再將沸鮮奶沖入玉米糊中。
4. 若尚未凝膠，則繼續加熱（快速攪拌）。

配方

奶油空心餅配方

材料	百分比	重量（克）
水	125	202
鹽	2	3
沙拉油	75	121
高筋粉	100	161
全蛋	180	291
合計	482	778

奶油布丁餡配方

材料	百分比	重量（克）
鮮奶	100	624
奶油	10	62
糖	20	125
全蛋	20	125
玉米粉	10	62
香草精	0.3	2
合計	160.3	1000

製作數量：18 個

第二節　蒸烤雞蛋牛奶布丁

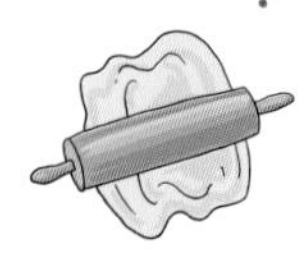

焦糖製程

1. 先將砂糖與水在鍋中加熱到產生褐色（120℃），再倒入另一部分水（煮焦糖時，可將鍋子提起搖晃讓糖均勻融化，尚未融化前不可攪拌）。
   判斷其軟硬性：煮到用筷子將糖液滴入水中能凝結成軟球狀即可（若太硬，再加入少許水，即可調整其軟硬度）。
2. 稍冷卻才倒入專用模型內，待其凝固。

雞蛋牛奶布丁製程

1. 鮮奶加糖、鹽煮到糖溶解。
2. 蛋打散（打到蛋黃與蛋白融合）後加入熱鮮奶拌勻，過篩、去泡沫。
3. 倒入模型中水浴蒸烤（平烤盤中放水）。
4. 烤焙 170/150℃約 35 分至表面凝結具彈性即可。

配方

焦糖配方

材料	百分比	重量（克）
細砂糖	100	100
水（1）	30	30
水（2）	30	30
合計	160	160

雞蛋牛奶布丁配方

材料	百分比	重量（克）
鮮奶	100	1027
細砂糖	15	154
鹽	0.2	2
香草精	0.1	1
全蛋	40	411
蛋黃	20	205
合計	175.3	1800

製作數量：18 個

特殊器具

耐烤布丁杯　18 個

第三節　檸檬布丁派

派皮製程

操作前先將油脂冷凍以方便操作。

1. 麵粉、油切拌成小顆粒狀。
2. 加入糖、鹽、冰水拌勻成糰。
3. 入冰箱冷藏鬆弛備用。
4. 分割麵糰每個派皮 230 克。
5. 在派盤反面上整型，表面插洞，鬆弛約 15 分鐘。
6. 烤焙 200/210℃約 20 分鐘，再翻面，繼續烤到金黃色，共約 25 分鐘。

內餡製程

1. 鮮奶、奶油煮沸，加入糖、鹽繼續煮至急滾。
2. 蛋稍打發與玉米粉拌勻，再加少許鮮奶調整麵糊稠度。
3. 沸鮮奶倒入玉米糊中繼續煮至膠狀。
4. 加入檸檬汁拌勻。
5. 趁熱裝入熟派皮每盤餡 500 克。

脫模

1. 冷卻後，才脫模以免破碎。
2. 斜傾即可脫模（若無法脫模，將派盤底部稍加熱即可）。

派皮配方

材料	百分比	重量（克）
高筋粉	50	187
低筋粉	50	187
白油	65	244
糖	3	11
鹽	2	8
碎冰	30	113
合計	200	750

檸檬布丁餡配方

材料	百分比	重量（克）
鮮奶	100	979
奶油	10	98
細砂糖	25	245
鹽	0.2	2
蛋黃	20	196
玉米粉	10	98
檸檬汁	5	49
合計	170.2	1667

製作數量：3 個

特殊器具

① 7 吋派盤　4 個

② 擀麵棍　　1 根

第四節 塔

蘋果塔

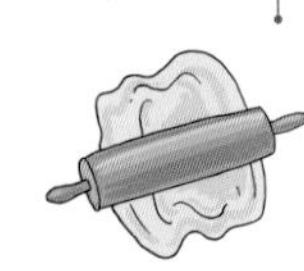

塔皮製程

1. 糖、鹽、油拌至稍發（不需太發，否則麵糰太軟）（油先攪拌軟後再加糖粉，否則糖粉拌不均勻）。
2. 蛋分批加入，攪拌至乳化完全。
3. 麵粉、發粉一起過篩後加入拌勻。
4. 放入冰箱冷藏鬆弛約 30 分鐘。
5. 取約 230 克麵糰擀成片狀鋪在 7' 菊花烤模上整型。
6. 裝熱餡（500 克）並抹平，排蘋果片裝飾。
7. 烤焙（180/220°C）約 25 ～ 30 分鐘（邊緣著色）。
8. 烤至 8 分色出爐，讓餘溫增加色澤。
9. 冷卻後才淋洋菜凍液。
10. 等到塔模完全冷卻後再脫模。

格司餡（布丁餡）製程

1. 鮮奶與奶油煮沸，加入糖後繼續煮到急滾。
2. 蛋稍打發，再加入玉米粉拌勻。
3. 再將沸鮮奶沖入玉米糊中。
4. 若尚未凝膠，則繼續加熱（快速攪拌）。
5. 拌入肉桂或香草精。
6. 趁熱倒入塔皮並抹平，以便表面擺蘋果片。

蘋果加工製程

蘋果→切片 0.2 公分（切後即放於鹽冰水中）→殺菁防止褐變（沸水加 1% 檸檬汁、10% 糖），須等到水沸之後才能將蘋果片放入殺菁，因為高溫讓蘋果快速通過褐變反應，殺菁到蘋果軟化（約 3 分鐘），撈起放於冰水中，瀝乾→在布丁餡上並排成圓狀→入爐烤焙。

洋菜亮光液製程

1. 水煮開。
2. 糖先與洋菜粉乾拌。
3. 加入沸水中煮沸至洋菜粉完全融化，小火再煮約 2 分鐘（透明狀）。

塔皮配方

材料	百分比	重量（克）
糖粉	40	87
奶油	60	131
鹽	0.5	1
全蛋	10	22
低筋粉	100	218
發粉	0.5	1
合計	211	460
蘋果		2 粒

特殊器具

① 7 吋活動塔模　2 個
② 鋸刀　1 把
③ 8 吋蛋糕墊紙　2 個

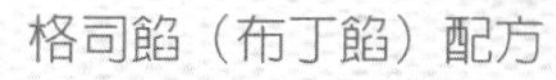

格司餡（布丁餡）配方

材料	百分比	重量（克）
鮮奶	100	685
奶油	10	69
糖	20	137
全蛋	20	137
玉米粉	12	82
香草精	0.2	1
合計	162.2	1111

洋菜亮光液配方

水	100	284
糖	20	57
洋菜粉	3	9
合計	123	350

製作數量：2 個

金砂糖蘋果塔

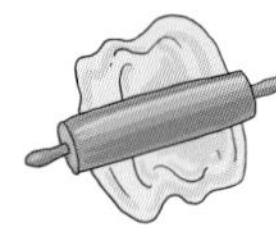

塔皮製程

1. 糖、鹽、油拌至稍發（不需太發，否則麵糰太軟）（油先攪拌軟後再加糖粉，否則糖粉拌不均勻）。
2. 蛋分批加入，攪拌至乳化完全。
3. 麵粉、發粉、薑母粉、肉桂粉一起過篩後加入拌勻。
4. 放入冰箱冷藏鬆弛約 30 分鐘。
5. 取約 230 克麵糰擀成片狀鋪在 7’ 菊花烤模上整型。
6. 裝熱餡（500 克）並抹平，排蘋果片裝飾。
7. 烤焙（180/220℃）約 25 ～ 30 分鐘（邊緣著色）。
8. 烤至 8 分色出爐，讓餘溫增加色澤。
9. 冷卻後才淋洋菜凍液。
10. 等到塔模完全冷卻後再脫模。

肉桂格司餡（布丁餡）製程

1. 鮮奶與奶油煮沸，加入糖後繼續煮到急滾。
2. 蛋稍打發，再加入玉米粉拌勻。
3. 再將沸鮮奶沖入玉米糊中。
4. 若尚未凝膠，則繼續加熱（快速攪拌）。
5. 拌入肉桂、葡萄乾。
6. 趁熱倒入塔皮並抹平，以便表面擺蘋果片。

蘋果加工製程

蘋果→切片 0.2 公分（切後即放於鹽冰水中）→殺菁防止褐變（沸水加 1% 檸檬汁、10% 糖），須等到水沸之後才能將蘋果片放入殺菁，因為高溫讓蘋果快速通過褐變反應，殺菁到蘋果軟化（約 3 分鐘），撈起放於冰水中，瀝乾→在布丁餡上並排成圓狀→入爐烤焙。

洋菜亮光液製程

1. 水煮開。
2. 糖先與洋菜粉乾拌。
3. 加入沸水中煮沸至洋菜粉完全融化，小火再煮約 2 分鐘（透明狀）。

配方

塔皮配方

材料	百分比	重量（克）
金砂糖	40	87
奶油	60	130
薑母粉	0.5	1
肉桂粉	0.5	1
鹽	0.5	1
全蛋	10	22
低筋麵粉	100	217
發粉	0.5	1
合計	212	460
蘋果		2 粒

肉桂格司餡（布丁餡）配方

材料	百分比	重量（克）
鮮奶	100	623
奶油	10	63
金砂糖	20	124
全蛋	20	124
玉米粉	12	75
肉桂粉	0.3	2
葡萄乾	16	100
合計	178.3	1111

洋菜亮光液配方

材料	百分比	重量（克）
水	100	284
糖	20	57
洋菜粉	3	9
合計	123	350

製作數量：2 個

特殊器具

① 7 吋活動塔模	2 個
② 鋸刀	1 把
③ 8 吋蛋糕墊紙	2 個

蔓越莓蘋果塔

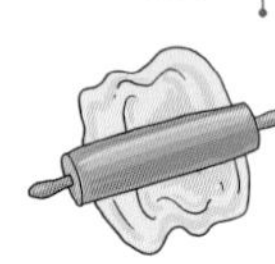

塔皮製程

1. 糖、鹽、油拌至稍發（不需太發，否則麵糰太軟）（油先攪拌軟後再加糖粉，否則糖粉拌不均勻）。
2. 蛋分批加入，攪拌至乳化完全。
3. 麵粉、發粉一起過篩後加入拌勻。
4. 放入冰箱冷藏鬆弛約 30 分鐘。
5. 取約 230 克麵糰擀成片狀鋪在 7' 菊花烤模上整型。
6. 裝熱餡（500 克）並抹平，排蘋果片裝飾。
7. 烤焙（180/220℃）約 25 ～ 30 分鐘（邊緣著色）。
8. 烤至 8 分色出爐，讓餘溫增加色澤。
9. 冷卻後才淋洋菜凍液。
10. 等到塔模完全冷卻後再脫模。

蔓越莓格司餡製程

1. 鮮奶與奶油煮沸，加入糖後繼續煮到急滾。
2. 蛋稍打發，再加入玉米粉拌勻。
3. 再將沸鮮奶沖入玉米糊中。
4. 若尚未凝膠，則繼續加熱（快速攪拌）。
5. 拌入蔓越莓。
6. 趁熱倒入塔皮並抹平，以便表面擺蘋果片。

蘋果加工製程

蘋果→切片 0.2 公分（切後即放於鹽冰水中）→殺菁防止褐變（沸水加 1% 檸檬汁、10% 糖），須等到水沸之後才能將蘋果片放入殺菁，因為高溫讓蘋果快速通過褐變反應，殺菁到蘋果軟化（約 3 分鐘），撈起放於冰水中，瀝乾→在布丁餡上並排成圓狀→入爐烤焙。

洋菜亮光液製程

1. 水煮開。
2. 糖先與洋菜粉乾拌。
3. 加入沸水中煮沸至洋菜粉完全融化，小火再煮約2分鐘（透明狀）。

塔皮配方

材料	百分比	重量（克）
糖粉	40	87
奶油	60	131
鹽	0.5	1
全蛋	10	22
低筋麵粉	100	218
發粉	0.5	1
合計	211	460
蘋果		2粒

蔓越莓格司餡配方

材料	百分比	重量（克）
鮮奶	100	596
奶油	10	60
糖	20	119
全蛋	20	119
玉米粉	12	72
蔓越莓乾	24	145
合計	186	1111

洋菜亮光液配方

材料	百分比	重量（克）
水	100	284
糖	20	57
洋菜粉	3	9
合計	123	350

製作數量：2個

特殊器具

① 7吋活動塔模	2個
② 鋸刀	1把
③ 8吋蛋糕墊紙	2個

雙皮核桃塔

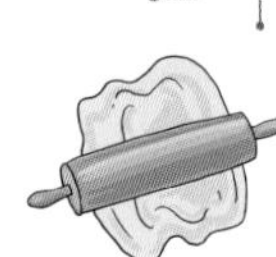

塔皮製程

1. 糖油拌合法拌至稍發（不需太發，否則麵糰太軟）（油先攪拌軟化後再加糖粉、鹽，否則糖粉拌不均勻）。
2. 蛋分批加入，攪拌至乳化完全。
3. 麵粉、發粉一起過篩後加入拌勻。
4. 放入冰箱冷藏鬆弛約 30 分鐘。
5. 擀成片狀鋪在烤模上整型（製作底 250g、圍邊 100g、蓋 200g）。
6. 塔皮（底、圍邊、蓋）做好放入冷凍冰硬。
7. 裝核桃餡，輕輕整平，蓋上蓋子。
8. 刷蛋黃，以叉子劃花紋。
9. 烤焙 180/195°C約 30 分鐘，表面金黃色。
10. 出爐，將完全冷卻後再切。

核桃餡製程

1. 核桃烤焙上火 150°C / 下火 150°C，約 15 分鐘。核桃烤香，冷卻後備用。
2. 鮮奶油、糖、鹽、蜂蜜先用小火煮融。
3. 開中火繼續煮至膠稠性（約 115 ～ 120°C）（糖液滴入冷水中呈現軟球狀，而非擴散開不成型）。
4. 拌入奶油。
5. 加入核桃拌勻（用木勺拌）。
6. 趁熱裝模（溫度太低，則太硬不易裝填）。

塔皮配方		
材料	百分比	重量（克）
奶油	60	499
糖粉	40	333
鹽	0.5	4
全蛋	10	83
低筋粉	100	831
BP	0.5	4
合計	211	1754
刷塔皮表面		
蛋黃		50

核桃餡配方		
材料	百分比	重量（克）
鮮奶油	12.8	125
蜂蜜	31.5	306
糖	28.5	277
鹽	0.8	8
奶油	6.7	65
核桃	100	973
合計	180.3	1754

製作數量：3 個

特殊器具

① 8 吋高 4 公分慕斯圈	3 個
② 擀麵棍	1 根
③ 木勺	1 把
④ 瓦斯爐	1 臺
⑤ 叉子	1 把
⑥ 刷子	1 把
⑦ 塑膠袋	1 個

葡萄英迪娜塔

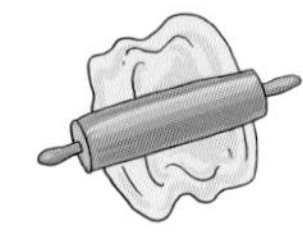

塔皮製程

1. 糖油拌合法拌至稍發（不需太發，否則麵糰太軟）（油先攪拌軟化後再加糖粉、鹽，否則糖粉拌不均勻）。
2. 蛋分批加入，攪拌至乳化完全。
3. 麵粉、發粉一起過篩後加入拌勻。
4. 放入冰箱冷藏鬆弛約 30 分鐘。
5. 擀成片狀鋪在烤模上整型（製作底 250g、圍邊 100g、蓋 200g）。
6. 塔皮（底、圍邊、蓋）做好放入冷凍冰硬。
7. 裝核桃餡，輕輕整平，蓋上蓋子。
8. 刷蛋黃，以叉子劃花紋。
9. 烤焙 180/195℃約 30 分鐘，表面金黃色。
10. 出爐，待完全冷卻後再切。

核桃餡製程

1. 核桃烤焙上火 150℃ / 下火 150℃，約 15 分鐘。核桃烤香，冷卻後備用。
2. 鮮奶油、糖、鹽、蜂蜜先用小火煮融
3. 開中火繼續煮至膠稠性（約 115 ~ 120℃）（糖液滴入冷水中呈現軟球狀，而非擴散開不成型）。
4. 拌入奶油、檸檬汁。
5. 加入核桃、葡萄乾拌勻（用木勺拌）。
6. 趁熱裝模（溫度太低，則太硬不易裝填）。

塔皮配方

材料	百分比	重量（克）
奶油	60	499
糖粉	40	333
鹽	0.5	4
全蛋	10	83
低筋粉	100	831
BP	0.5	4
合計	211	1754
刷塔皮表面		
蛋黃		50
鮮奶油		5

核桃餡配方

材料	百分比	重量（克）
動物性鮮奶油	12.5	122
蜂蜜	30.8	301
糖	27.9	273
檸檬汁	1.5	15
奶油	6.5	64
核桃	80	783
葡萄乾	20	196
合計	179.2	1754

製作數量：3 個

特殊器具

① 8 吋高 4 公分慕斯圈	3 個
② 擀麵棍	1 根
③ 木勺	1 把
④ 瓦斯爐	1 臺
⑤ 叉子	1 把
⑥ 刷子	1 把
⑦ 塑膠袋	1 個

夏威夷核桃塔

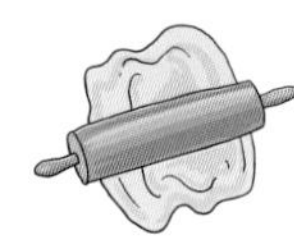

塔皮製程

1. 糖油拌合法拌至稍發（不需太發，否則麵糰太軟）（油先攪拌軟化後再加糖粉、鹽，否則糖粉拌不均勻）。
2. 蛋分批加入，攪拌至乳化完全。
3. 麵粉、發粉一起過篩後加入拌勻。
4. 放入冰箱冷藏鬆弛約 30 分鐘。
5. 擀成片狀鋪在烤模上整型（製作底 250g、圍邊 100g、蓋 200g）。
6. 塔皮（底、圍邊、蓋）做好放入冷凍冰硬。
7. 裝核桃餡，輕輕整平，蓋上蓋子。
8. 刷蛋黃，以叉子劃花紋。
9. 烤焙 180/195℃約 30 分鐘，表面金黃色。
10. 出爐，待完全冷卻後再切。

核桃餡製程

1. 核桃、夏威夷豆烤焙上火 150℃ / 下火 150℃，約 15 分鐘。核桃烤香，冷卻後備用。
2. 鮮奶油、糖、鹽、蜂蜜先用小火煮融。
3. 開中火繼續煮至膠稠性（約 115～120℃）（糖液滴入冷水中呈現軟球狀，而非擴散開不成型）。
4. 拌入奶油、檸檬汁。
5. 加入核桃、夏威夷豆拌勻（用木勺拌）。
6. 趁熱裝模（溫度太低，則太硬不易裝填）。

配方

塔皮配方

材料	百分比	重量（克）
奶油	60	499
糖粉	40	333
鹽	0.5	4
全蛋	10	83
低筋粉	100	831
BP	0.5	4
合計	211	1754
刷表面		
蛋黃		50
鮮奶油		5

夏威夷豆核桃餡配方

材料	百分比	重量（克）
動物性鮮奶油	12.8	124
蜂蜜	31	302
糖	28.5	277
檸檬汁	1.5	15
奶油	6.6	64
核桃	69.4	674
夏威夷豆	30.6	298
合計	180.4	1754

製作數量：3 個

特殊器具

① 8 吋高 4 公分慕斯圈	3 個
② 擀麵棍	1 根
③ 木勺	1 把
④ 瓦斯爐	1 臺
⑤ 叉子	1 把
⑥ 刷子	1 把
⑦ 塑膠袋	1 個

水果塔

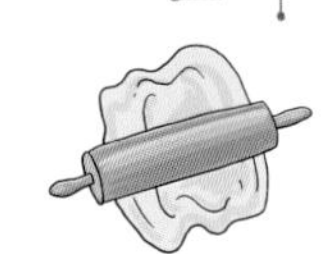

塔皮製程

1. 糖、鹽、油拌合拌至稍發（不需太發）。
2. 蛋分批加入，攪拌至乳化完全。
3. 麵粉、發粉與奶粉一起過篩後加入拌匀。
4. 放入冰箱鬆弛約 30 分鐘。
5. 擠入烤模（20 克 / 個），叉洞避免塔皮鼓起。
6. 烤焙（210/180℃）約 15 分鐘（表面著色）。

布丁餡製程

1. 鮮奶與奶油煮沸，加入糖後繼續煮到急滾。
2. 蛋稍打發，再加入玉米粉拌匀。
3. 再將沸鮮奶沖入玉米糊中。
4. 繼續加熱至有點冒泡，具黏稠性即可（快速攪拌）。
5. 冷卻後拌入蘭姆酒。
6. 再與約 250 克打發鮮奶油混合。

塔皮填餡之前處理

塔皮上表面先刷白巧克力（約 100 克）再填入布丁餡。

果膠液製程

1. 糖與果凍粉先乾拌，放入熱水中。
2. 果凍粉加入沸水攪拌煮到透明狀，冷卻備用。

塔皮配方

材料	百分比	重量（克）
糖粉	40	121
奶油	60	181
鹽	0.5	2
全蛋	10	30
發粉	0.5	2
低筋粉	100	302
奶粉	4	12
合計	215	650

布丁餡配方

材料	百分比	重量（克）
鮮奶	100	341
奶油	10	34
砂糖	20	68
全蛋	20	68
玉米粉	12	41
蘭姆酒	1	4
合計	163	556
植物性鮮奶油		278

果膠液配方

材料	百分比	重量（克）
水	100	116
糖	35	40
果凍粉	3.5	4
合計	138.5	160

裝飾水果

水蜜桃罐頭（1/4 罐）	2.5 片
鳳梨罐頭（1/4 罐）	2.5 片
紅櫻桃	5 粒
綠奇異果	1 粒

刷塔皮表面

材料	重量（克）
白巧克力	100

製作數量：塔皮 32 個，裝餡之塔皮 20 個

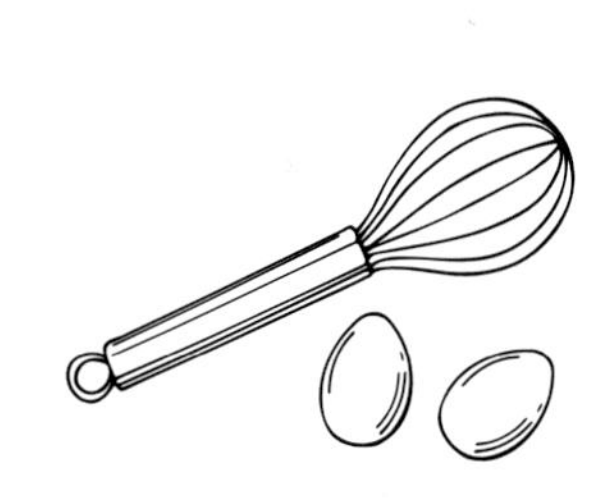

特殊器具

① 小塔模（模高 2.4 公分直徑 7 公分）32 個
② 刷子 1 把
③ 塑膠袋 1 個
④ 水果刀 1 把
⑤ 砧板 1 塊
⑥ 擠花袋
⑦ 尖齒狀花嘴

巴黎水果塔

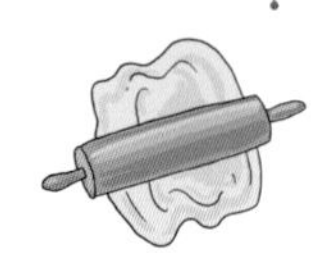

塔皮製程

1. 糖、鹽、油拌合拌至稍發（不需太發）。
2. 蛋分批加入，攪拌至乳化完全。
3. 麵粉、發粉與杏仁粉一起過篩後加入拌勻。
4. 放入冰箱鬆弛約 30 分鐘。
5. 擠入烤模（20 克／個），叉洞避免塔皮鼓起。
6. 烤焙（210/180℃）約 15 分鐘（表面著色）。

布丁餡製程

1. 鮮奶與奶油煮沸，加入糖後繼續煮到急滾。
2. 蛋稍打發，再加入玉米粉拌勻。
3. 再將沸鮮奶沖入玉米糊中。
4. 繼續加熱至有點冒泡，具黏稠性即可（快速攪拌）。
5. 冷卻後拌入香橙酒。
6. 再與約 250 克打發鮮奶油混合。

塔皮填餡之前處理

塔皮上表面先刷白巧克力（約 100 克）再填入布丁餡。

果膠液製程

水與杏桃果膠加熱，冷卻備用。

塔皮配方

材料	百分比	重量（克）
糖粉	40.1	115
奶油	59.9	171
鹽	0.7	2
杏仁粉	16.6	47
全蛋	9.9	28
發粉	0.3	1
低筋麵粉	100	286
合計	227.5	650

布丁餡配方

材料	百分比	重量（克）
鮮奶	100	341
奶油	10	34
砂糖	20	68
全蛋	20	68
玉米粉	12	41
香橙酒	1	4
合計	163	556
鮮奶油		278

果膠液配方

材料	百分比	重量（克）
水	60	60
杏桃果膠	100	100
合計	160	160

裝飾水果

水蜜桃罐頭（1/4 罐）	2.5 片
鳳梨罐頭（1/4 罐）	2.5 片
紅櫻桃	5 粒
綠奇異果	1 粒

刷塔皮表面

材料		重量（克）
白巧克力		100

製作數量：塔皮 32 個，裝餡之塔皮 20 個

特殊器具

① 小塔模（模高 2.4 公分直徑 7 公分）32 個
② 刷子 1 把
③ 塑膠袋 1 個
④ 水果刀 1 把
⑤ 砧板 1 塊
⑥ 擠花袋
⑦ 尖齒狀花嘴

巴黎馬卡龍水果塔

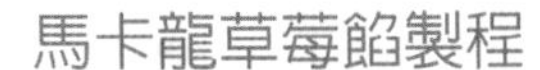

馬卡龍草莓餡製程

1. 果泥與糖漿煮到約 45℃。
2. 加入糖類及果膠粉，煮滾，冷卻加入酒。

馬卡龍製程

1. 杏仁粉、糖粉過篩 3 次，拌入蛋白。
2. 糖與水一起煮到可吹泡泡。（115℃）
3. 蛋白稍打發後加入滾燙的糖水，繼續拌至降溫。
4. 分 3 次將打發蛋白拌入杏仁糖粉中。
5. 擠壓成型，稍拍烤盤。
6. 在烤爐中風乾（打開爐門）（60℃）約 30 分鐘。
7. 烤焙 150/150℃約 5 分鐘，開爐門、開氣門。
8. 關爐門烤 5 分鐘後，開爐門，關爐門（讓水蒸氣跑掉）再烤 2 到 5 分鐘。

＊ 塔皮、布丁餡、果膠、裝飾水果製程參考巴黎水果塔

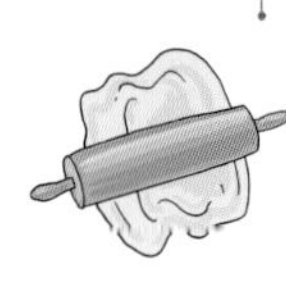

* 塔皮、布丁餡、果膠、裝飾水果配方參考巴黎水果塔

馬卡龍草莓餡配方

材料	百分比	重量（克）
草莓果泥	100	175
葡萄糖漿	11	20
轉化糖漿	9	15
NH 果膠粉	2	4
細砂糖	17	30
草莓香甜酒	3	5
合計	142	249

馬卡龍配方

材料	百分比	重量（克）
杏仁粉（細）	100	300
糖粉	100	300
蛋白	37	110
蛋白	37	110
細砂糖	100	300
水	25	75
合計	399	1195

此馬卡龍配方為兩組量
製作數量：塔皮 32 個，裝餡之塔皮 20 個

特殊器具

① 小塔模（模高 2.4 公分 直徑 7 公分） 32 個
② 刷子 1 把
③ 塑膠袋 1 個
④ 水果刀 1 把
⑤ 砧板不沾布（矽膠墊） 2 片
⑥ 擠花袋 1 個
⑦ 尖齒狀花嘴

第五節　慕斯——巧克力慕斯

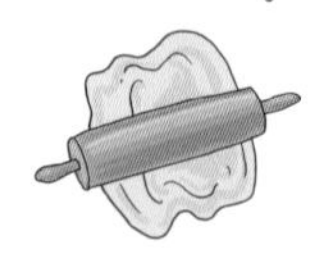

巧克力海綿蛋糕製程

1. 蛋黃稍攪拌備用。
2. 蛋白、糖打發至乾性發泡。
3. 將蛋黃拌入打發蛋白，混合後分次輕拌入一起過篩過的粉類。
4. 裝填入擠花袋，擠成蝸牛輪之蛋糕片2片，表面灑糖粉。
5. 烤焙（200℃ /180℃）約 7 分鐘。

巧克力慕斯製程

1. 巧克力切碎，隔水融化備用。
2. 鮮奶油與蛋黃混合隔水加熱至 85℃離火。
3. 熱鮮奶油分次拌入巧克力糊中。
4. 稍冷卻（35℃），加入酒拌勻。
5. 鮮奶油拌至 8 分發，分次與以上材料拌勻。
6. 將餡裝入已鋪海綿蛋糕底之慕斯框內，冷凍。

嘉納錫（Ganache）製程

1. 鮮奶油隔水加熱至 75℃，離火。
2. 倒入已切碎巧克力，靜置約 5 分鐘，拌勻。
3. 稍冷（37℃）後進行淋漿（流性較小）。

巧克力海綿蛋糕配方

材料	百分比	重量（克）
蛋黃	133	54
蛋白	266	109
砂糖	213	87
低筋麵粉	100	41
小蘇打	2	1
可可粉	20	8
合計	734	300
糖粉		30

巧克力慕斯配方

材料	百分比	重量（克）
苦甜巧克力	100	210
植物性鮮奶油（不打發）	35	73
蛋黃	11	23
藍姆酒	10	21
植物性鮮奶油（打發）	130	273
合計	286	600

嘉納錫（Ganache）配方

材料	百分比	重量（克）
苦甜巧克力	100	120
鮮奶油	150	180
合計	250	300

裝飾配方

材料	百分比	重量（克）
黑巧克力		200
白巧克力		100

製作數量：1 個

特殊器具

① 高 5 公分 8 吋慕斯圈	1 個
② 擠花袋	1 個
③ 平口花嘴	1 個
④ 8 吋慕斯圍邊	2 條
⑤ 巧克力刮刀	1 把
⑥ 抹刀	1 把
⑦ 木輪根	1 根
⑧ 8 吋蛋糕墊紙	1 個

伯爵茶巧克力慕斯

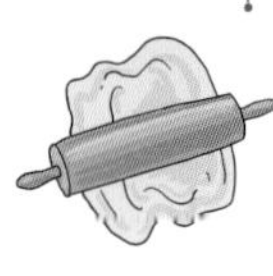

巧克力海綿蛋糕製程

1. 蛋黃稍攪拌備用。
2. 蛋白、糖打發至乾性發泡。
3. 將蛋黃拌入打發蛋白，混合後分次輕拌入一起過篩過的粉類。
4. 裝填入擠花袋，擠成蝸牛輪之蛋糕片2片，表面灑糖粉。
5. 烤焙（200°C /180°C）約7分鐘。

巧克力慕斯製程

伯爵茶先浸泡鮮奶油後隔水煮開，蓋上蓋子悶約5分鐘後濾掉茶渣。

1. 拌入吉利丁片。
2. 巧克力切碎，拌入鮮奶油融化，備用。
3. 稍冷卻（35°C），加入酒拌勻。
4. 鮮奶油拌至8分發，分次與以上材料拌勻。
5. 將餡裝入已鋪海綿蛋糕底之慕斯框內，冷凍。

嘉納錫（Ganache）製程

1. 鮮奶油與糖漿加熱至75°C，離火。
2. 倒入已切碎巧克力，靜置約5分鐘，拌勻。
3. 稍冷（37°C）後進行淋漿（流性較小）。

巧克力海綿蛋糕配方

材料	百分比	重量（克）
蛋黃	133	54
蛋白	266	109
砂糖	213	87
低筋麵粉	100	41
小蘇打	2	1
可可粉	20	8
合計	734	300
糖粉		30

慕斯配方

材料	百分比	重量（克）
苦甜巧克力	100	216
鮮奶油（煮開）	35	75
伯爵茶	2	4
吉利丁片	1.2	3
巧克力酒	10	22
鮮奶油（打發）	130	280
合計	278.2	600

嘉納錫（Ganache）配方

材料	百分比	重量（克）
苦甜巧克力	100	107
葡萄糖漿	30	32
鮮奶油	150	161
合計	280	300

裝飾配方

材料	百分比	重量（克）
黑巧克力		200
白巧克力		100

製作數量：1 個

特殊器具

① 高 5 公分 8 吋慕斯圈	1 個
② 擠花袋	1 個
③ 平口花嘴	1 個
④ 8 吋慕斯圍邊	2 條
⑤ 巧克力刮刀	1 把
⑥ 抹刀	1 把
⑦ 木輪根	1 根
⑧ 8 吋蛋糕墊紙	1 個

芭芮脆片巧克力慕斯

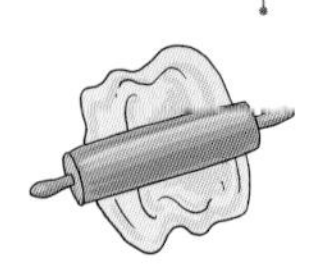

* 巧克力海綿蛋糕製程參考巧克力慕斯

芭芮脆片榛果巧克力餡製程

1. 可可脂與牛奶巧克力隔水融化後拌入榛果醬。
2. 拌入芭芮脆片。
3. 抹於蛋糕體上。

芭芮脆片巧克力慕斯製程

伯爵茶先浸泡鮮奶油後隔水煮開，蓋上蓋子悶約 5 分鐘後濾掉茶渣。

1. 拌入吉利丁片。
2. 巧克力切碎，拌入鮮奶油融化，拌入芭芮脆片。
3. 加入酒拌勻。
4. 鮮奶油拌至 8 分發，分次與以上材料拌勻。
5. 將餡裝入已鋪海綿蛋糕底之慕斯框內，冷凍。

* 嘉納錫製程參考伯爵茶巧克力慕斯

巧克力海綿蛋糕配方

材料	百分比	重量（克）
蛋黃	133	54
蛋白	266	109
砂糖	213	87
低筋麵粉	100	41
小蘇打	2	1
可可粉	20	8
合計	734	300
糖粉		30

芭芮脆片榛果巧克力餡配方

材料	百分比	重量（克）
濃郁榛果醬	100	60
芭芮脆片	50	30
牛奶巧克力	33.3	20
可可脂	8.4	5
合計	191.7	115

裝飾配方

材料	百分比	重量（克）
黑巧克力		200
白巧克力		100

嘉納錫配方

材料	百分比	重量（克）
苦甜巧克力	100	107
葡萄糖漿	30	32
動物性鮮奶油	150	161
合計	280	300

芭芮脆片巧克力慕斯配方

材料	百分比	重量（克）
苦甜巧克力	100	199
鮮奶油（煮開）	35	69
伯爵茶	2	3
吉利丁片	1.2	3
白蘭地	10	20
鮮奶油（打發）	130	258
芭芮脆片	24	48
合計	302.2	600

製作數量：1 個

特殊器具

① 高 5 公分 0 吋慕斯圈	1 個
② 擠花袋	1 個
③ 平口花嘴	1 個
④ 8 吋慕斯圍邊	2 條
⑤ 巧克力刮刀	1 把
⑥ 抹刀	1 把
⑦ 木輪根	1 根
⑧ 8 吋蛋糕墊紙	1 個

三層式乳酪慕斯

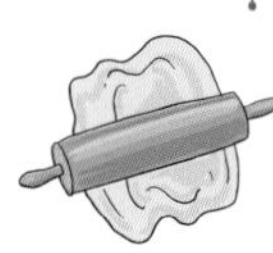

指形蛋糕體製程

1. 蛋黃打散備用。
2. 蛋白、糖打發至乾性發泡。
3. 將蛋黃拌入打發蛋白，混合後分次輕拌入麵粉。
4. 裝填入擠花袋，並擠至已鋪紙之平烤盤。
   圖案：釋迦頭形（球狀並排之蛋糕片）
5. 灑糖粉後入爐烤，200/180℃約 8 分鐘。

餅乾派底製程

1. 餅乾打碎，加入糖、融化的奶油拌勻即可。
2. 鋪底（188 克／個）。

乳酪慕斯餡製程

1. 吉利丁片先泡於冰開水備用。
2. 乳酪加糖，隔水加熱並攪拌至溶解。
3. 加入吉利丁片、檸檬汁拌勻，冷卻備用。
4. 鮮奶油打至 5 ～ 6 分發，與冷卻後凝狀乳酪拌勻。
5. 裝入擠花袋後，擠入已鋪餅乾派底之慕斯模。
6. 再另外擠一層藍莓醬（118 克／個）。
7. 再擠乳酪餡至滿（慕斯餡共重 440 克／個），抹平。
8. 蓋上釋迦頭形蛋糕體，確定總重約 800 克，若不足以慕斯餡補足。
9. 冷凍。

配方

指形蛋糕體配方

材料	百分比	重量（克）
蛋黃	75	84
蛋白	150	168
砂糖	120	134
低筋麵粉	100	112
合計	445	498
表面裝飾		
糖粉		適量

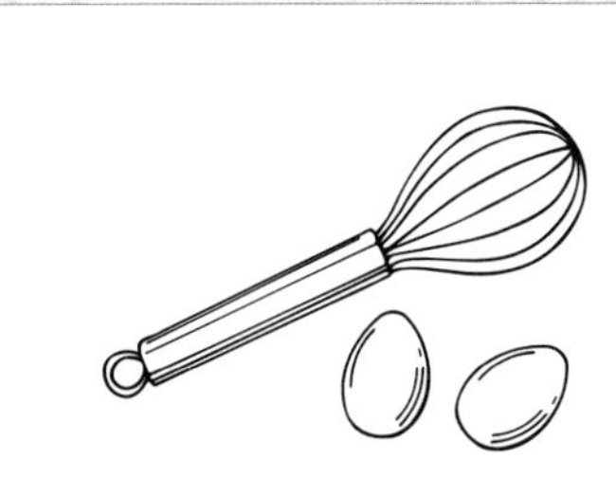

特殊器具

① 高 4 公分 8 吋慕斯圈 3 個
② 擠花袋 1 個
③ 平口花嘴 1 個
④ 塑膠袋 1 個
⑤ 擀麵棍 1 根
⑥ 8 吋蛋糕墊紙 3 個

餅乾派底配方

材料	百分比	重量（克）
餅乾屑	100	305
奶油	80	244
糖粉	15	46
合計	195	594

乳酪慕斯餡配方

材料	百分比	重量（克）
吉利丁片	2	15
軟質乳酪	50	386
糖	10	77
檸檬汁	10	77
植物性鮮奶油	100	770
合計	172	1325

製作數量：3 個
藍莓醬：354 克

百香芒果乳酪慕斯

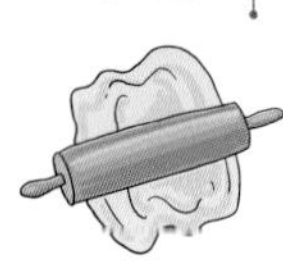

＊ 指形蛋糕體與餅乾派底製程請參考乳酪慕斯

芒果乳酪慕斯餡製程

1. 吉利丁片先泡於冰開水備用。
2. 乳酪加糖，隔水加熱並攪拌至溶解。
3. 加入吉利丁片拌勻。
4. 加入芒果果泥拌勻，冷卻後拌入芒果香甜酒備用。
5. 鮮奶油打至 5 ～ 6 分發，與冷卻後凝狀乳酪拌勻。
6. 裝入擠花袋後，擠入已鋪餅乾派底之慕斯模。
7. 再另外擠一層百香芒果醬（118 克／個）。
8. 再擠慕斯餡至滿（慕斯餡共重 440 克／個），抹平。
9. 蓋上釋迦頭形蛋糕體；冷凍。

百香芒果醬製程

1. 果泥與糖漿煮到約 45℃。
2. 加入糖類及果膠粉，煮滾，冷卻加入酒。

* 指形蛋糕體與餅乾派底配方參考乳酪慕斯

百香芒果醬配方

材料	百分比	重量（克）
百香果果泥	43	138
芒果果泥	57	185
葡萄糖漿	10	32
轉化糖漿	6	18
NH 果膠粉	2	6
細砂糖	17	55
芒果香甜酒	3	9
合計	138	443

芒果乳酪慕斯餡配方

材料	百分比	重量（克）
吉利丁片	2	15
軟質乳酪	50	382
糖	10	77
芒果果泥	10	77
植物性鮮奶油	100	764
芒果香甜酒	1	10
合計	173	1325

製作數量：3 個

特殊器具

① 高 4 公分 8 吋慕斯圈	3 個
② 擠花袋	1 個
③ 平口花嘴	1 個
④ 塑膠袋	1 個
⑤ 擀麵棍	1 根
⑥ 8 吋蛋糕墊紙	3 個

櫻桃乳酪慕斯

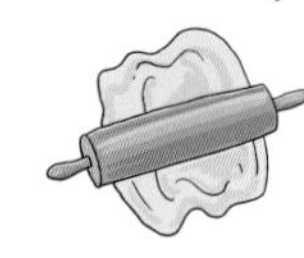

* 指形蛋糕體與餅乾派底製程請參考乳酪慕斯

櫻桃乳酪慕斯餡製程

1. 吉利丁片先泡於冰開水備用。
2. 乳酪加糖，隔水加熱並攪拌至溶解。
3. 加入吉利丁片拌勻。
4. 加入櫻桃果泥拌勻，冷卻後拌入櫻桃香甜酒備用。
5. 鮮奶油打至 5 ～ 6 分發，與冷卻後凝狀乳酪拌勻。
6. 裝入擠花袋後，擠入已鋪餅乾派底之慕斯模。
7. 再另外擠一層酸櫻桃果粒醬（118 克／個）。
8. 再擠慕斯餡至滿（慕斯餡共重 440 克／個），抹平。
9. 蓋上釋迦頭形蛋糕體；冷凍。

百香芒果醬製程

1. 櫻桃粒與糖漿煮到約 45°C。
2. 加入糖類及果膠粉，煮滾，冷卻。

配方

* 指形蛋糕體與餅乾派底配方參考乳酪慕斯

酸櫻桃果粒醬配方

材料	百分比	重量（克）
冷凍酸櫻桃粒	100	284
葡萄糖漿	20	57
細砂糖	33	93
NH 果膠粉	3	9
合計	156	443

櫻桃乳酪慕斯餡配方

材料	百分比	重量（克）
吉利丁片	2.3	18
軟質乳酪	50	381
糖	10	76
櫻桃果泥	10.4	79
植物性鮮奶油	100	761
櫻桃香甜酒	1.3	10
合計	174	1325

製作數量：3 個

特殊器具

① 高 4 公分 8 吋慕斯圈	3 個
② 擠花袋	1 個
③ 平口花嘴	1 個
④ 塑膠袋	1 個
⑤ 擀麵棍	1 根
⑥ 8 吋蛋糕墊紙	3 個

小藍莓慕斯

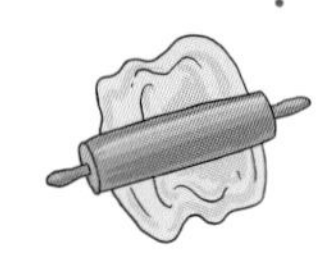

指形蛋糕體製程

1. 蛋黃打散備用。
2. 蛋白、糖打發至乾性發泡。
3. 將蛋黃拌入打發蛋白，混合後分次輕拌入麵粉。
4. 裝填入擠花袋，並擠至已鋪紙之平烤盤。
5. 圖案：高 5 公分長 60 公分，共 5 條；8 吋螺紋狀蛋糕底，4 片。
6. 灑糖粉後馬上入爐烤，200/180°C約 7 ～ 10 分鐘至淺金黃色即可。
7. 蛋糕體出爐冷卻後，先圍邊再鋪底。
8. 填慕斯餡充分冷凍，再淋上藍莓果凍。

藍莓慕斯餡製程

1. 吉利丁片先溶於冷開水備用（勿泡生水）。
2. 糖加入沸水中加熱至溶解。
3. 將吉利丁加入糖水中拌勻。
4. 加入櫻桃酒及檸檬汁，保持溫溫的。（若太冷則凝膠；若太熱則加入鮮奶油後會溶解）
5. 鮮奶油打至 6 分發（稍有流性）。
6. 將吉利丁溶液加入已打發之鮮奶油中拌勻。
7. 拌入藍莓粒，裝入慕斯框。

藍莓果凍製程

1. 吉利丁片先泡冰水。
2. 藍莓汁與糖一起加熱。
3. 加入吉利丁片，攪勻。
4. 冷卻至約 20°C（太熱果凍會流到蛋糕體，太冷則不平）。

指形蛋糕體配方

材料	百分比	重量（克）
蛋黃	75	168
蛋白	150	337
砂糖	120	270
低筋麵粉	100	225
合計	445	1000

表面裝飾

材料	百分比	重量（克）
糖粉		適量

藍莓慕斯餡配方

材料	百分比	重量（克）
吉利丁片	8	23
糖	55	158
沸水	100	287
蘭姆酒	17	49
脂肪抹醬	235	675
藍莓粒	107	307
合計	522	1500

藍莓果凍配方

材料	百分比	重量（克）
藍莓汁	100	386
糖	30	116
吉利丁片	6	23
合計	136	525

製作數量：3 個

特殊器具

① 高 4 公分 8 吋慕斯圈	3 個
② 擠花袋	1 個
③ 平口花嘴	1 個
④ 8 吋蛋糕墊紙	3 個

紫羅蘭慕斯

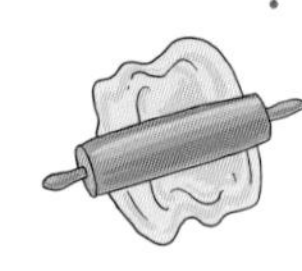

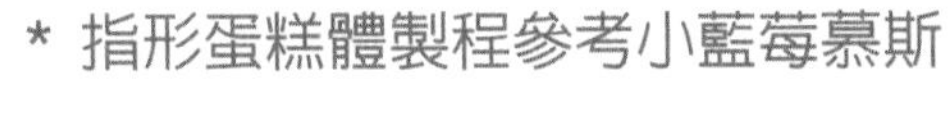

* 指形蛋糕體製程參考小藍莓慕斯

紫羅蘭慕斯製程

1. 吉利丁片先溶於冷開水備用（勿泡生水）。
2. 糖加入果泥中隔水加熱至溶解。
3. 將吉利丁加入果泥中拌勻。
4. 加入檸檬汁，冷卻後加入酒。
   （若太熱則加入鮮奶油後會溶解）。
5. 鮮奶油打至 6 分發（稍有流性）。
6. 將吉利丁溶液加入已打發之鮮奶油中拌勻。
7. 拌入藍莓粒，裝入慕斯框。

藍莓果凍製程

1. 吉利丁片先泡冰水。
2. 藍莓汁與糖一起加熱。
3. 加入吉利丁片，攪勻，拌入藍莓酒。
4. 冰鎮，冷卻至約 20℃，稍有濃稠感再淋面。

* 指形蛋糕體配方參考小藍莓慕斯

紫羅蘭慕斯餡配方

材料	百分比	重量（克）
吉利丁片	8	23
糖	55	155
紫羅蘭莓果泥	100	282
檸檬汁	10	28
蘭莓酒	6	17
黑醋栗香甜酒	11	31
鮮奶油	235	662
藍莓粒	107	302
合計	532	1500

藍莓果凍配方

材料	百分比	重量（克）
藍莓汁	97	376
糖	30	116
吉利丁片	6	23
藍莓酒	3	10
合計	136	525

製作數量：3 個

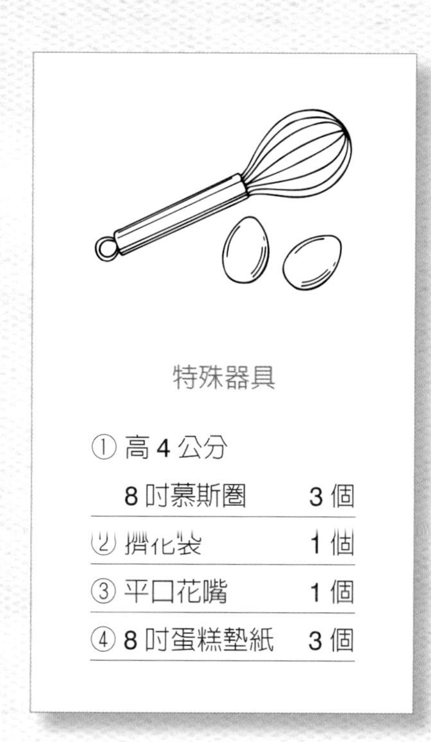

特殊器具

① 高 4 公分 8 吋慕斯圈	3 個
② 擠花袋	1 個
③ 平口花嘴	1 個
④ 8 吋蛋糕墊紙	3 個

覆盆子藍莓慕斯

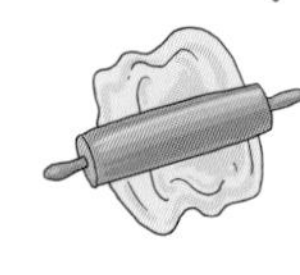

* 指形蛋糕體製程參考小藍莓慕斯

覆盆子慕斯餡製程

1. 吉利丁片先溶於冷開水備用（勿泡生水）。
2. 糖加入果泥中隔水加熱至溶解。
3. 將吉利丁加入果泥中拌勻。
4. 加入檸檬汁，冷卻後加入酒（若太熱則加入鮮奶油後會溶解）。
5. 鮮奶油打至 6 分發（稍有流性）。
6. 將吉利丁溶液加入已打發之鮮奶油中拌勻。
7. 拌入藍莓粒，裝入慕斯框。

藍莓果凍製程

1. 吉利丁片先泡冰水。
2. 藍莓汁與糖一起加熱。
3. 加入吉利丁片，攪勻，拌入覆盆子香甜酒。
4. 冰鎮，冷卻至約 20°C，稍濃稠感再淋面。

配方

* 指形蛋糕體配方參考小藍莓慕斯

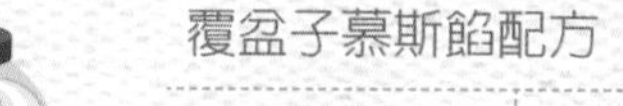

覆盆子慕斯餡配方

材料	百分比	重量（克）
吉利丁片	8	23
糖	55	155
覆盆子果泥	100	282
檸檬汁	9	25
覆盆子香甜酒	18	51
鮮奶油	235	662
藍莓粒	107	302
合計	532	1500

藍莓果凍配方

材料	百分比	重量（克）
藍莓汁	100	360
糖	32	116
吉利丁片	7	25
覆盆子香甜酒	7	26
合計	146	527

製作數量：3 個

特殊器具

① 高 4 公分 8 吋慕斯圈	3 個
② 擠花袋	1 個
③ 平口花嘴	1 個
④ 8 吋蛋糕墊紙	3 個

第六節 卡士達、藍莓餡裝飾鬆餅鬆餅

鬆餅製程

1. 麵糰攪拌至擴展前階段。
2. 鬆弛約 15 分鐘。
3. 使用法式包油法。
4. 摺疊方式：3 折 4 次，最後整型：長 88、寬 55 公分，或長 100、寬 40 公分，鬆弛約 25 分鐘。
5. 分割麵皮厚度 0.4 公分，長寬 11 公分正方形。
6. 整型（兩種形狀），放置於兩盤烤盤。
7. 表面刷蛋水。
8. 裝餡（25 克 / 個）。
9. 鬆弛約 20 分鐘。
10. 烤焙（220°C /190°C）約 30 分鐘。

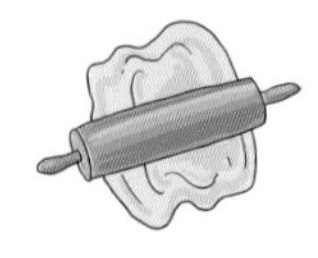

配方

鬆餅配方

材料	百分比	重量（克）
高筋麵粉	100	900
鹽	1	9
細砂糖	3	27
冰水	48	432
蛋	7	63
醋	2	18
白油	10	90
裹入油	85	765
合計	256	2304

填餡

材料	百分比	重量（克）
耐烤果醬		500
卡士達粉		136
冰水		364

表面裝飾

全蛋		適量

製作數量：40 個

特殊器具

① 尺	1 把
② 大小擀麵棍	1 根
③ 輪刀	1 把
④ 大小毛刷	1 把
⑤ 擠花袋	1 個
⑥ 塑膠袋	2 個

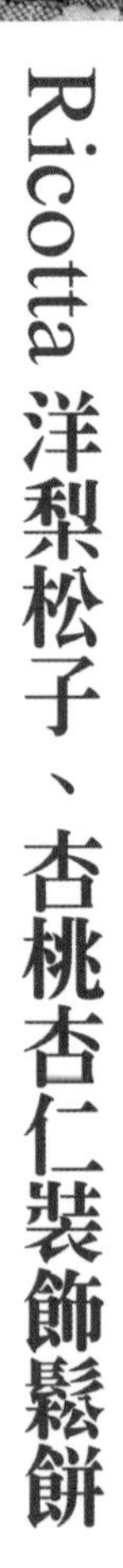

Ricotta 洋梨松子、杏桃杏仁裝飾鬆餅

* 鬆餅皮製程參考卡士達鬆餅

Ricotta 洋梨松子餡製程

所有材料拌勻即可。

杏桃杏仁餡製程

所有粉類與油一起拌，分次拌入蛋，再拌入杏桃乾與酒。

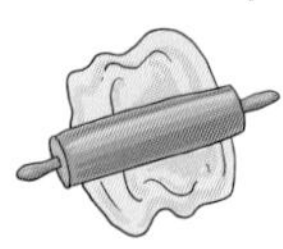

配方

* 鬆餅皮配方參考卡士達鬆餅

Ricotta 洋梨松子餡配方

材料	百分比	重量（克）
細砂糖	100	100
肉桂粉	0.3	0.3
葡萄乾	40	40
松子	60	60
Ricotta 起士	250	250
麵包粉	100	100
洋梨片（片）	3	3
合計	553.3	553.3

杏桃杏仁餡

材料	百分比	重量（克）
杏仁粉	100	107
糖粉	82	88
低筋麵粉	27	29
奶油	100	107
全蛋	100	107
杏桃乾	91	98
杏桃香甜酒	18	20
合計	518	556

製作數量：40 個

特殊器具

① 尺	1 把
② 大小擀麵棍	1 根
③ 輪刀	1 把
④ 大小毛刷	1 把
⑤ 擠花袋	1 個
⑥ 塑膠袋	2 個

迷迭香培根起士、芋頭蘋果裝飾鬆餅

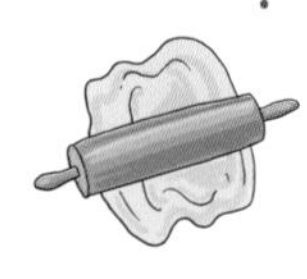

＊ 鬆餅皮製程參考卡士達鬆餅

迷迭香培根起士餡製程

培根、火腿片切細條拌入迷迭香與黑胡椒粒，鋪於麵糰上入爐烤，等烤一半再拿出鋪起士絲。

芋頭蘋果餡製程

熟芋頭趁熱拌入糖與奶油，稍冷卻後拌入動物性鮮奶油與奶粉及蘋果丁。

* 鬆餅皮配方參考卡士達鬆餅

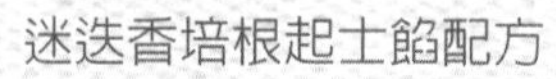

迷迭香培根起士餡配方

材料	百分比	重量（克）
培根（片）	5	7片
火腿片（片）	5	7片
乾燥迷迭香	1	2
黑胡椒粒	1	1
起士絲	200	283
合計	212	300

芋頭蘋果餡配方

材料	百分比	重量（克）
蒸熟芋頭	100	230
糖	7	15
奶油	4	10
動物性鮮奶油	15	35
奶粉	4	8
蘋果（粒）	0.5	1粒
合計	130.5	299

製作數量：40個

特殊器具

① 尺	1把
② 大小擀麵棍	1根
③ 輪刀	1把
④ 大小毛刷	1把
⑤ 擠花袋	1個
⑥ 塑膠袋	2個

第七節 麵糊類蛋糕

奶油大理石蛋糕

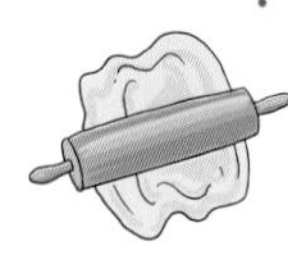
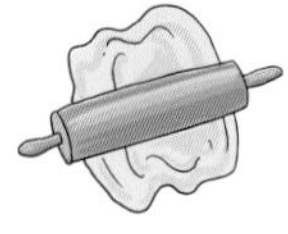

白麵糊製程

1. 將白油、奶油、乳化劑、糖、鹽一起打發。
2. 蛋分次加入拌匀。
3. 低筋粉，泡打粉混合過篩加入拌匀。
4. 加入奶水拌匀（即為白麵糊）。

巧克力麵糊製程

1. 可可粉、蘇打粉及熱水拌匀。
2. 取部分白麵糊與可可粉、蘇打粉及熱水混合拌匀（即為巧克力麵糊）。
3. 取巧克力麵糊與白麵糊稍混合，形成大理石紋路。
4. 裝模（先墊紙），500 克。
5. 烤焙：溫度 180/190°C約 55 分鐘。

配方

白麵糊配方

材料	百分比	重量（克）
烤酥油	40	220
奶油	40	220
乳化劑（SP）	3	16
細砂糖	100	549
鹽	1	6
全蛋	88	484
低筋粉	100	549
泡打粉	0.8	4
奶水	24	132
合計	396.8	2180

巧克力麵糊配方

材料	百分比	重量（克）
白麵糊	100	327
可可粉	5	16
蘇打粉	0.35	1
熱水	8	25
合計	113.35	369

製作數量：4 個

特殊器具

水果條烤模　4 個

奶油棋格雙色蛋糕

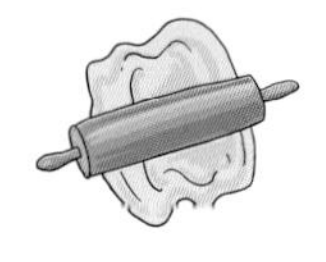

白麵糊製程

1. 糖油拌合法拌至鬆發（奶油若剛從冷藏拿出時較硬→先打軟再放糖）。
2. 蛋分批加入，攪拌至乳化完全。
3. 拌入麵粉、發粉。
4. 加鮮奶、香草精拌勻。

巧克力麵糊製程

1. 可可粉溶於熱水拌勻。
2. 冷卻，加入小蘇打拌勻。
3. 與白麵糊拌勻即可。

裝模：500 克 / 個。

烤焙：180℃ /150℃，約 60 分鐘。

整型口訣：三等分，取中間層交換。

白麵糊配方

材料	百分比	重量（克）
烤酥油	80	638
糖粉	100	798
乳化劑（SP）	3	24
鹽	2	16
低筋麵粉	100	798
發粉（BP）	2	16
全蛋	88	702
鮮奶	17	136
香草精	0.1	1
合計	392.1	3129

巧克力麵糊配方

材料	百分比	重量（克）
白麵糊	100	1462
可可粉	5	73
小蘇打	0.3	4
熱水	8.7	127
合計	114	1666

表面裝飾

巧克力米		75

奶油霜配方

材料	百分比	重量（克）
奶油	100	120
白油	100	120
糖漿	50	60
合計	250	300

製作數量：6 條

特殊器具

① 水果條烤模　6 個

② 粗篩網　1 個

第七節 麵糊類蛋糕

香橙酥粒奶油棋格蛋糕

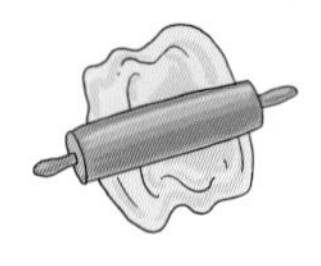

白麵糊製程

1. 糖粉油拌合法拌至鬆發。
2. 蛋分批拌入。
3. 拌入麵粉、發粉。
4. 加鮮奶、切碎沙巴東橘子皮絲拌勻。
5. 烤焙：180°C /150°C，約 60 分鐘。

巧克力麵糊製程

1. 可可粉溶於熱水拌勻。
2. 冷卻，加入小蘇打拌勻。
3. 與白麵糊拌勻即可。

裝模：500 克 / 個。

烤焙：180°C /150°C，約 60 分鐘。

整型口訣：三等分，取中間層交換。

香橙酥粒製程

所有材料拌成糰，經粗篩網，做成酥粒。

烤焙：160°C /160°C，烤到金黃色（約 15 分鐘）。

白麵糊配方

材料	百分比	重量（克）
發酵奶油	56	434
烤酥油	24.1	187
低筋麵粉	100	776
發粉（BP）	2	16
糖粉	100	776
冷凍香橙皮屑	2.5	19
鹽	1.2	10
全蛋	88.3	685
鮮奶	16.8	130
沙巴東 橘子皮絲	12.4	96
合計	403.4	3129

巧克力麵糊配方

材料	百分比	重量（克）
白麵糊	100	1462
可可粉	5	73
小蘇打	0.3	4
熱水	8.7	127
合計	114	1666

香橙酥粒配方

材料	百分比	重量（克）
奶油	67	66
細砂糖	67	66
冷凍香橙皮屑	2	2
杏仁粉	28	27
低筋麵粉	100	99
合計	264	260

奶油霜配方

材料	百分比	重量（克）
奶油	100	120
白油	100	120
糖漿	50	60
合計	250	300

裝飾：防潮糖粉 20 克
製作數量：6 條

特殊器具

水果條烤模　6 個

草莓杏仁奶油棋格蛋糕

白麵糊製程

草莓乾泡草莓香甜酒備用

1. 糖油拌合法。
2. 蛋分批拌入。
3. 拌入麵粉、發粉。
4. 拌入鮮奶、草莓乾、草莓香甜酒。
5. 烤焙：180℃ /150℃，約 60 分鐘。

巧克力麵糊製程

1. 可可粉溶於熱水拌勻。
2. 冷卻，加入小蘇打拌勻。
3. 與白麵糊拌勻即可。

裝模：500 克 / 個。

烤焙：180℃ /150℃，約 60 分鐘。

整型口訣：三等分，取中間層交換。

香烤杏仁粒製程

所有材料拌成糰。

烤焙：150℃ /150℃，烤到金黃色，約 15 分鐘。

配方

白麵糊配方

材料	百分比	重量（克）
發酵奶油	66	481
烤酥油	19	139
杏仁膏	13	95
發粉（BP）	2	15
低筋麵粉	100	731
鹽	1.3	10
糖粉	99	723
全蛋	93	679
鮮奶	18	132
草莓乾（切碎）	13	95
草莓香甜酒	4	29
合計	428.3	3129

巧克力麵糊配方

材料	百分比	重量（克）
白麵糊	100	1462
可可粉	5	73
小蘇打	0.3	4
熱水	8.7	127
合計	114	1666

裝飾：防潮糖粉 20 克

香烤杏仁粒配方

材料	百分比	重量（克）
杏仁粒角	100	200
細砂糖	20	40
全蛋	10	20
合計	130	260

奶油霜配方

材料	百分比	重量（克）
奶油	100	109
白油	100	109
糖漿	60	66
草莓香甜酒	15	16
合計	275	300

製作數量：6 條

特殊器具

水果條烤模　6 個

奶油水果蛋糕

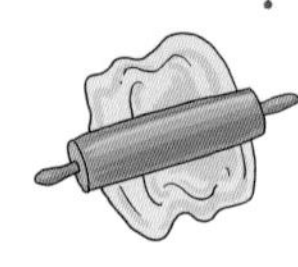

水果蛋糕製程

1. 糖油拌合法：糖與油先打發，分次拌入雞蛋，再拌入麵粉與鮮奶。
   建議：糖油拌合之後，雞蛋與麵粉以交叉方式添加，比較不會有油水分離現象。
   建議：蜜餞先泡一下熱水後再瀝乾，1. 比較不會太甜、2. 較溼潤、3. 較軟化。
2. 加入蜜餞水果拌勻。
3. 裝模（600 / 個，烤模先墊紙）。
4. 烘焙：180°C /150°C，約 60 分鐘。
   建議：鮮奶可用奶水或動物性鮮奶油取代，添加前最好溫熱一下，融合性較佳。

蛋糕配方

材料	百分比	重量（克）
烤酥油	100	387
乳化劑（SP）	3	12
細砂糖	100	386
鹽	2	8
全蛋（溫）	100	386
高筋麵粉	100	386
泡打粉（BP）	2	8
鮮奶	10	40
香草精	0.2	1
蜜餞水果	100	386
合計	517.2	2000

製作數量：3 個

英式水果蛋糕

英式水果蛋糕製程

1. 糖油拌合法：糖與油先打發，分次拌入雞蛋，再拌入粉類（亦可用蛋、粉交替拌法—蛋添加到約 2/3 時，則開始加一部分麵粉、再加蛋再加粉、再加蛋再加粉）。
2. 加入已浸泡酒的蜜餞水果拌勻。
3. 裝模（600g／個，烤模先墊紙）。
4. 烘焙：170℃ /150℃，約 50 分鐘。
5. 出爐後表面均勻滴入白蘭地，並用保鮮膜包覆放隔天再食用。

英式水果蛋糕配方		
材料	百分比	重量（克）
奶油	66	254
烤酥油	34	132
糖粉	100	386
鹽	2	8
全蛋	100	386
香草豆莢醬	0.8	3
高筋粉	100	386
泡打粉（BP）	2	8
葡萄乾	26	100
蔓越莓乾	26	100
白蘭地	13	50
什錦蜜餞	48	187
合計	517.8	2000
刷蛋糕		
白蘭地		60

製作數量：3 個

特殊器具

水果條烤模　3 個

古早味黑糖無花果水果蛋糕

水果蛋糕製程

1. 糖油拌合法：糖與油先打發，分次拌入雞蛋，再拌入粉類（亦可用蛋、粉交替拌法—蛋添加到約 2/3 時，則開始加一部分麵粉、再加蛋再加粉、再加蛋再加粉）。
2. 加入已烤過核桃與已浸泡鮮奶的無花果乾拌勻。
3. 裝模（600g / 個，烤模先墊紙）。
4. 烘焙：180℃ /160℃，約 50 分鐘。
5. 出爐後抹杏桃果醬，鋪上切半的無花果乾蜜餞。

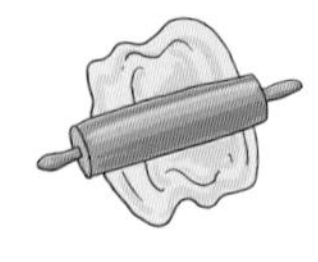

水果蛋糕配方

材料	百分比	重量（克）
奶油	77	300
烤酥油	23	89
黑糖粉	100	389
鹽	2	8
全蛋	100	389
高筋粉	100	389
泡打粉（BP）	2	8
核桃（烤過）	23	89
無花果乾（蜜餞）	77	300
鮮奶	10	39
合計	514	2000
表面裝飾		
無花果乾（蜜餞）		6（粒）
刷表面		
杏桃果醬		90

PS：如果是乾燥的無花果，則需水煮，煮到軟，瀝乾

製作數量：3 個

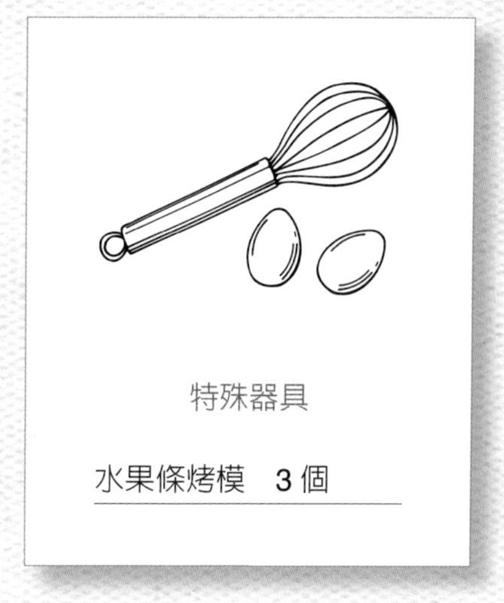

特殊器具

水果條烤模　3 個

第八節 乳沫類蛋糕 天使蛋糕

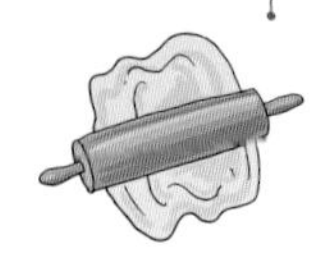

香草天使蛋糕製程

一、使用塔塔粉配方之製程

預爐：180℃ /150℃。

1. 蛋白、水、香草精拌勻後拌入麵粉。
2. 蛋白、鹽、塔塔粉、細砂糖分 3 次拌入（一開始、起泡、紋路出現）打發到乾性發泡。
3. 取 1/3 蛋白霜先與麵粉糊拌勻。
4. 再倒回蛋白霜中拌勻。
5. 入模（420 克 / 個）。
6. 入爐，上火 180℃ / 下火 150℃，30 分鐘。

二、使用檸檬汁配方之製程

預爐：180℃ /150℃。

1. 蛋白、水、香草精、檸檬汁拌勻後拌入麵粉。
2. 蛋白、鹽、細砂糖分 3 次拌入（一開始、起泡、紋路出現）打發到乾性發泡。
3. 取 1/3 蛋白霜先與麵粉糊拌勻。
4. 再倒回蛋白霜中拌勻。
5. 入模（420 克 / 個）。
6. 入爐，上火 180℃ / 下火 150℃，30 分鐘。

香草天使蛋糕配方
（使用塔塔粉配方）

材料	百分比	重量（克）
蛋白	33	84
水	56	142
香草精	2	5
低筋麵粉	100	254
蛋白	244	620
鹽	2	5
塔塔粉	3	8
細砂糖	111	282
合計	551	1400

PS：塔塔粉與檸檬汁兩者擇一即可，
但是用檸檬汁製作產品具檸檬
清香味

製作數量：3 個

香草天使蛋糕配方
（使用檸檬汁配方）

材料	百分比	重量（克）
蛋白	33	83
水	56	141
香草精	2	5
檸檬汁	10	25
低筋麵粉	100	251
蛋白	244	612
鹽	2	5
細砂糖	111	278
合計	558	1400

特殊器具

空心烤模　3 個

海綿蛋糕

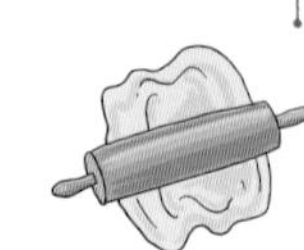

海綿蛋糕製程

1. 將蛋、糖、鹽隔水加熱到溫度 38 ～ 40℃。
   用大攪拌缸操作，初期以快速攪拌，後期以中速攪拌，打發成乳白色濃稠狀，手指勾起麵糊，停留約 2 ～ 3 秒鐘才滴下。
2. 鮮奶、香草精、沙拉油一起加溫到約 60 ～ 70℃後拌入（先取一些麵糊與鮮奶、香草精、沙拉油一起拌合後再拌入）。
3. 麵粉、玉米澱粉一起過篩後拌入，不要拌太久，否則易消泡。
4. 裝模 550 克，烤焙溫度 170/150℃，約 35 分。

PS：蛋糕冷卻後切片，噴灑或刷酒糖液。

海綿蛋糕配方

材料	百分比	重量（克）
全蛋	200	745
蛋黃	30	112
細砂糖	120	447
鹽	2	7
香草精	0.5	2
鮮奶	20	74
沙拉油	20	74
低筋粉	90	335
玉米澱粉	10	37
合計	492.5	1833

酒糖液：水 50 克、糖 25 克、櫻桃白蘭地 25 克
製作數量：3 個

特殊器具

8 吋活動烤模　3 個

巧克力海綿屋頂蛋糕

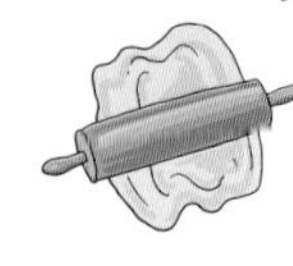

巧克力海綿蛋糕製程

1. 蛋、糖、鹽快速打發至濃稠狀，乳白色，以手指勾起時停約 2 秒才滴落。
2. 麵粉過篩後徐徐倒入。
3. 沙拉油、奶油加熱，拌入可可粉、小蘇打粉後拌入（保持溫熱）。
   （先取部分麵糊與油拌合後再拌入）
4. 過篩後，裝盤（先墊紙）。
5. 烤焙（200℃ /170℃）約 12 分鐘（稍著色關上火，3 分鐘後關下火，悶至熟）。
6. 蛋糕冷卻後，取一半切成四條（每條寬 7.5 公分），抹上奶油霜，疊好後冷凍，以方便切割。

巧克力淋漿製程

1. 鮮奶油隔水加熱至 50℃，離火。
2. 倒入已切碎巧克力，靜置約 5 分鐘，拌勻。
3. 稍冷（37℃）後進行淋漿（流性較小）。

奶油霜製程

奶油、白油一起打發後拌入糖漿。

配方

巧克力海綿蛋糕配方

材料	百分比	重量（克）
全蛋	360	459
蛋黃	67	85
鹽	3	4
砂糖	199	253
低筋麵粉	100	127
沙拉油	80	102
奶油	80	102
可可粉	25	32
小蘇打	2	3
合計	916	1167

特殊器具

① 屋頂蛋糕專用壓克力板　2片

② 鋸刀　1把

巧克力淋漿（Ganache）配方

材料	百分比	重量（克）
巧克力	100	200
鮮奶油	100	200
合計	200	400

製作數量：1平烤盤

奶油霜配方

材料	百分比	重量（克）
奶油	100	120
白油	100	120
糖漿	50	60
合計	250	300

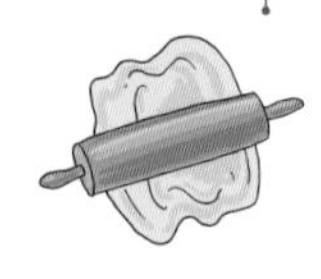

巧克力榛果金字塔蛋糕製程

1. 蛋、糖、鹽快速打發至濃稠狀，乳白色，以手指勾起時停約 2 秒才滴落。
2. 麵粉過篩後徐徐倒入。
3. 沙拉油、奶油加熱，拌入可可粉、小蘇打粉後拌入（保持溫熱）。
（先取部分麵糊與油拌合後再拌入）
4. 裝盤（先墊紙）。
5. 烤焙（200°C /170°C）約 12 分鐘（稍著色關上火，3 分鐘後關下火，悶至熟）。

榛果巧克力淋漿（Ganache）製程

1. 鮮奶油隔水加熱至 80°C，離火。
2. 倒入已切碎巧克力，靜置約 5 分鐘，拌勻拌入榛果可可醬。
3. 稍冷（38°C）後進行淋漿（流性較小）。

榛果可可奶油霜製程

油打發呈乳白色，拌入糖漿、香草精榛果可可醬。

巧克力榛果金字塔蛋糕配方

材料	百分比	重量（克）
全蛋	361	460
蛋黃	67	85
鹽	3	4
砂糖	199	253
低筋麵粉	100	127
沙拉油	80	102
奶油	80	102
可可粉	25	32
小蘇打	1.7	2
合計	916.7	1167

特殊器具

① 屋頂蛋糕專用壓克力板　2 片

② 鋸刀　1 把

榛果巧克力淋漿配方

材料	百分比	重量（克）
苦甜巧克力	100	200
植物性鮮奶油	100	200
榛果可可醬（Nutella 能多益）	25	50
合計	225	450

製作數量：1 平烤盤

榛果奶油霜配方

材料	百分比	重量（克）
發酵奶油	100	60
白油	100	60
糖漿	50	29
香草豆莢醬	2	1
榛果可可醬	252	150
合計	504	300

法芙娜珍珠球巧克力海綿蛋糕

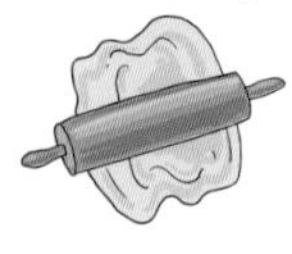

法芙娜珍珠球巧克力蛋糕製程

1. 蛋、糖、鹽快速打發至濃稠狀，乳白色，以手指勾起時停約 2 秒才滴落。
2. 麵粉過篩後徐徐倒入。
3. 沙拉油、奶油加熱，拌入可可粉、小蘇打粉後拌入（保持溫熱）。
   （先取部分麵糊與油拌合後再拌入）
4. 裝盤（先墊紙）。
5. 烤焙（200°C /170°C）約 12 分鐘（稍著色關上火，3 分鐘後關下火，悶至熟）。

巧克力淋漿製程

1. 鮮奶油、葡萄糖漿隔水加熱至 80°C。
2. 倒入已切碎巧克力，靜置約 5 分鐘，拌勻。
3. 稍冷（38°C）後進行淋漿（流性較小）。

巧克力奶油霜製程

油打發呈乳白色，拌入糖漿、巧克力淋漿、白蘭地。

配方

法芙娜珍珠巧克力蛋糕配方

材料	百分比	重量（克）
全蛋	361	460
蛋黃	67	85
鹽	3	4
砂糖	199	253
低筋麵粉	100	127
沙拉油	80	102
奶油	80	102
可可粉	25	32
小蘇打	1.7	2
合計	916.7	1167

特殊器具

① 屋頂蛋糕專用壓克力板 2片
② 鋸刀 1把

巧克力淋漿配方

材料	百分比	重量（克）
苦甜巧克力	100	200
植物性鮮奶油	100	200
葡萄糖漿	25	50
合計	225	450
表面裝飾材料		
法芙娜珍珠球巧克力		30

製作數量：1 平烤盤

巧克力奶油霜配方

材料	百分比	重量（克）
發酵奶油	100	88
白油	100	88
葡萄糖漿	50	44
巧克力淋漿	83	73
白蘭地	8	7
合計	341	300

（巧克力淋漿取自於上面配方）

裝飾海綿蛋糕

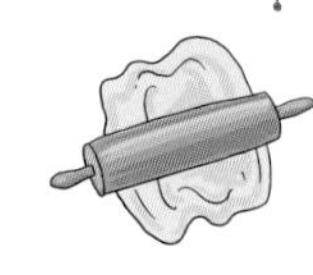

海綿蛋糕製程

1. 蛋、糖、鹽混合後迅速攪拌。
2. 隔水加熱至 38℃。
3. 高速攪拌至有點黏稠，刮刀刮起麵糊，麵糊垂下可達 2.5 公分。
4. 換中速，打至大小氣泡一致，再加香草精、麵粉。
5. 鮮奶、沙拉油一起加溫到約 60～70℃後拌入。
6. 裝盤（8 吋盤裝 310 克），馬上入爐烤焙，入爐前輕輕敲一下。
7. 烤焙（170℃ /150℃）約 25 分鐘。
8. 出爐後倒置涼架上，稍冷後擺正脫模。

奶油霜製程

油打發呈乳白色，拌入糖漿、香草精。

海綿蛋糕配方

材料	百分比	重量（克）
全蛋	200	840
蛋黃	30	126
鹽	2	8
砂糖	120	504
低筋麵粉	80	336
玉米澱粉	20	84
鮮奶	20	84
香草精	0.2	1
沙拉油	20	84
合計	492	2067

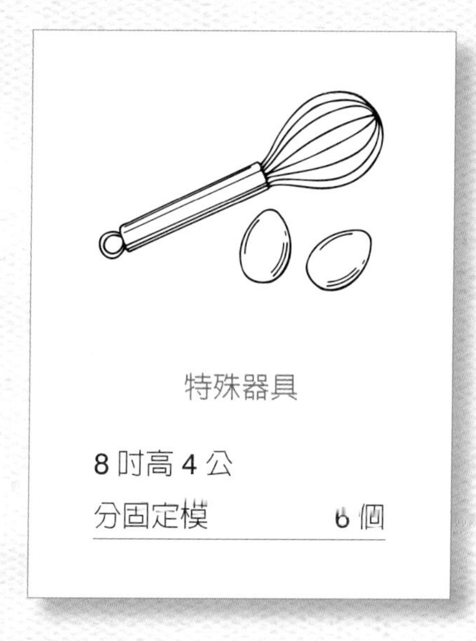

裝飾

材料	百分比	重量（克）
翻糖		400
杏仁膏		100
紅色素		少許
綠色素		少許

製作數量：6 個

奶油霜配方

材料	百分比	重量（克）
奶油	100	120
白油	100	120
糖漿	50	59
香草精	0.5	1
合計	250.5	300

披覆翻糖之手粉

熟玉米粉	約 100 克

第九節 戚風類蛋糕——巧克力戚風蛋糕捲

巧克力戚風蛋糕製程

1. 鮮奶、蘇打粉、糖、可可粉一起加熱拌勻到 70～80°C。
2. 拌入沙拉油，再拌入低筋粉、玉米澱粉與蛋黃。
3. 蛋白、鹽、糖拌到半乾性發泡。
4. 取 1/3 蛋白麵糊與蛋黃麵糊先拌勻後，再將 2/3 蛋白加入拌勻即可。
5. 平烤盤墊紙，裝入麵糊抹平，烤焙 180/150°C，約 25～30 分。

奶油霜製程

奶油、白油、糖粉一起打發即可。

巧克力戚風蛋糕配方

材料	百分比	重量（克）
鮮奶	100	240
小蘇打粉	1	2
細砂糖	28	67
可可粉	30	72
沙拉油	80	192
低筋粉	86	207
玉米澱粉	14	34
蛋黃	132	317
蛋白	264	634
鹽	2	5
細砂糖	142	341
合計	879	2111

奶油霜配方

材料	百分比	重量（克）
無鹽奶油	100	100
糖粉	100	100
白油	100	100
合計	300	300

（亦可以糖漿取代糖粉，口感較溼潤）

製作數量：1 個平烤盤

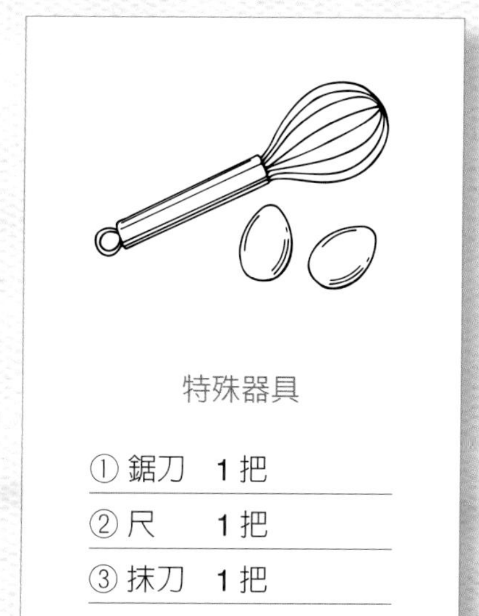

鮮奶油玫瑰花戚風蛋糕

戚風蛋糕製程

一、麵糊部分

1. 鮮奶、香草精、沙拉油、糖、鹽一起拌到糖溶解。
2. 蛋黃加入拌勻。
3. 麵粉及 BP 一起過篩後加入拌勻即可。

二、乳沫部分

蛋白、1/3 糖、塔塔粉打發到起泡，拌入其餘2/3糖，攪拌至半乾性發泡。

三、拌合

取 1/3 乳沫至麵糊拌勻後再將所有材料拌勻倒入烤模（每個 300 克），輕輕摔一下，入爐烤焙（170C/150℃）約 25 分鐘。

四、裝飾

冷卻後以打發之鮮奶油裝飾，表面擠三朵玫瑰花，表面及側邊裝飾並寫「生日快樂」。

配方

戚風蛋糕配方

材料	百分比	重量（克）
鮮奶	75	246
香草精	0.3	1
沙拉油	68	223
細砂糖	36	118
鹽	2	7
低筋粉	100	329
發粉（BP）	2.5	8
蛋黃	75	247
蛋白	150	493
細砂糖	99	326
塔塔粉	0.5	2
合計	608.3	2000
裝飾		
植物性鮮奶油		400

製作數量：6 個

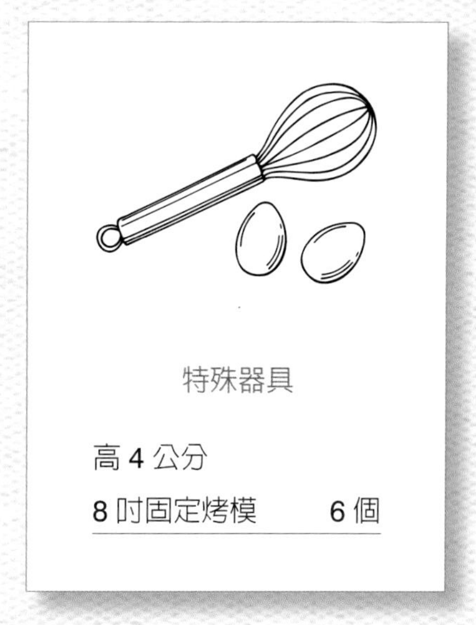

特殊器具

高 4 公分

8 吋固定烤模　6 個

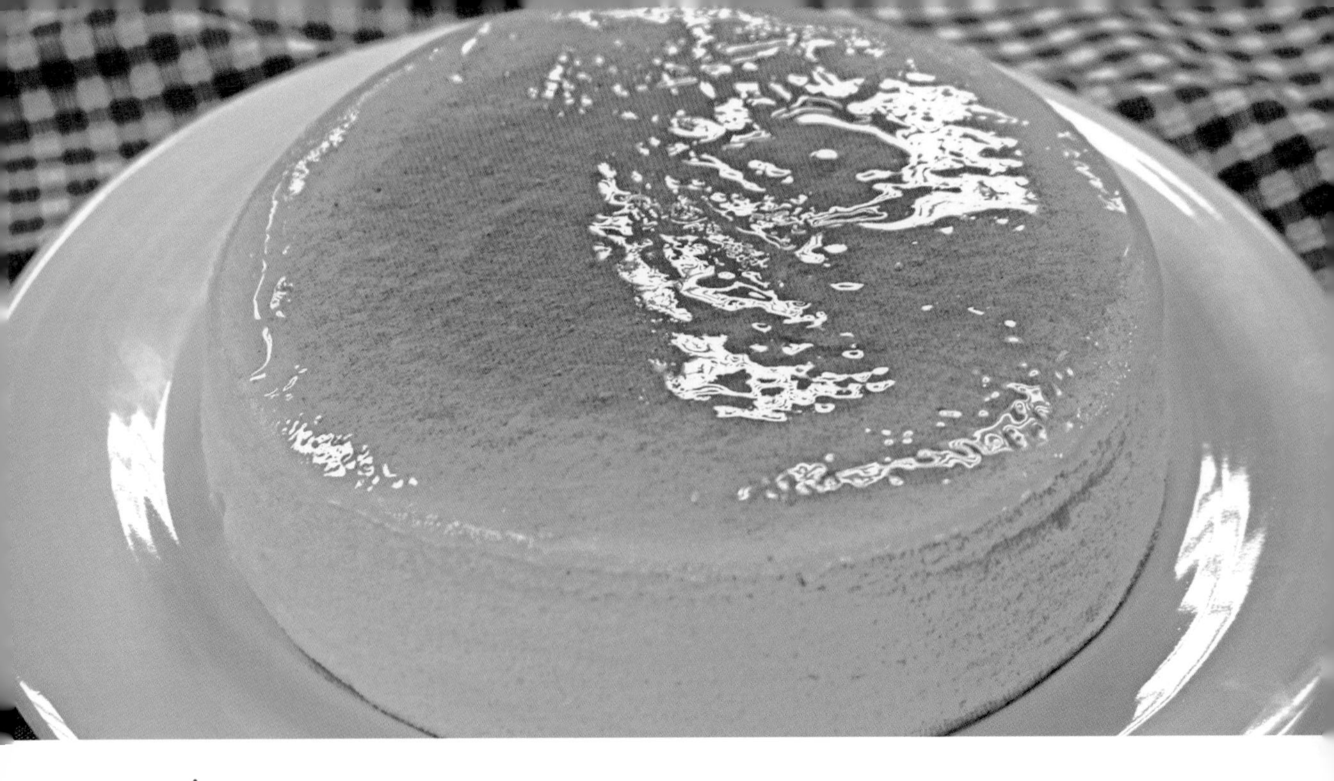

乳酪蛋糕

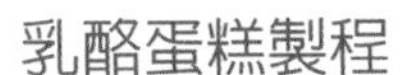

乳酪蛋糕製程

1. 乳酪、奶油、鮮奶隔水加熱攪拌至融化。
2. 低筋粉、玉米粉過篩後加入，拌勻。
3. 蛋黃加入拌勻（保持溫熱）。
4. 蛋白、糖打發起泡後加入檸檬汁再打發到溼性發泡，與麵糊混合。
5. 墊蛋糕底，裝模（700 克），平烤盤放水（約 1000 克）。
6. 烤焙：200℃ /120℃，表面稍著色調整為 120℃ /150℃，開氣門。總共烤焙時間：90 - 120 分鐘。
7. 冷卻後刷杏桃果膠再置入冰箱冷藏。食用前若需分割，以熱刀較適宜。

乳酪蛋糕（乳酪 600 克）配方		
材料	百分比	重量（克）
乳酪	189.7	600
無鹽奶油	50	158
鮮奶	100	316
低筋粉	26	82
玉米粉	22	69
蛋黃	80	253
香草精	0.5	2
蛋白	160	505
檸檬汁	10	32
細砂糖	100	316
合計	738.2	2333
刷表面裝飾		
杏桃果膠	50	50
熱水	25	25

製作數量：3 個

材料	乳酪用量 500 克配方 百分比	乳酪用量 500 克配方 重量（克）	乳酪用量 400 克配方 百分比	乳酪用量 400 克配方 重量（克）
乳酪	149.5	500	113.5	400
安佳奶油	50	167	50	176
鮮奶	100	334	100	352
低筋粉	26	87	26	92
玉米粉	22	74	22	78
蛋黃	80	267	80	282
香草精	0.5	2	0.5	2
蛋白	160	535	160	564
檸檬汁	10	33	10	35
細砂糖	100	334	100	352
合計	698	2333	662	2333

特殊器具

① 8 吋固定烤模　3 個
② 8 吋海綿蛋糕高 4 公分　1 個
③ 8 吋蛋糕紙墊　3 個

豆漿乳酪蛋糕

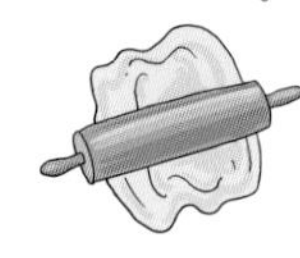

乳酪蛋糕製程

1. 乳酪、奶油、無糖豆漿隔水加熱攪拌至融化。
2. 低筋粉、玉米粉過篩後加入，拌勻。
3. 蛋黃加入拌勻（保持溫熱）。
4. 蛋白、糖打發起泡後加入檸檬汁再打發到溼性發泡，與麵糊混合。
5. 墊蛋糕底，裝模（700 克），平烤盤放水（約 1000 克）。
6. 烤焙：200°C /120°C，表面稍著色調整為 120°C /150°C，開氣門。
   總共烤焙時間：90 ～ 120 分鐘。
7. 冷卻後刷杏桃果膠再置入冰箱冷藏。
   食用前若需分割，以熱刀較適宜。

乳酪蛋糕（乳酪 600 克）配方

材料	百分比	重量（克）
乳酪	189.7	600
無鹽奶油	50	158
無糖豆漿	100	316
低筋粉	26	82
玉米粉	22	69
蛋黃	80	253
香草精	0.5	2
蛋白	160	505
檸檬汁	10	32
細砂糖	100	316
合計	738.2	2333
刷表面裝飾		
杏桃果膠	50	50
熱水	25	25

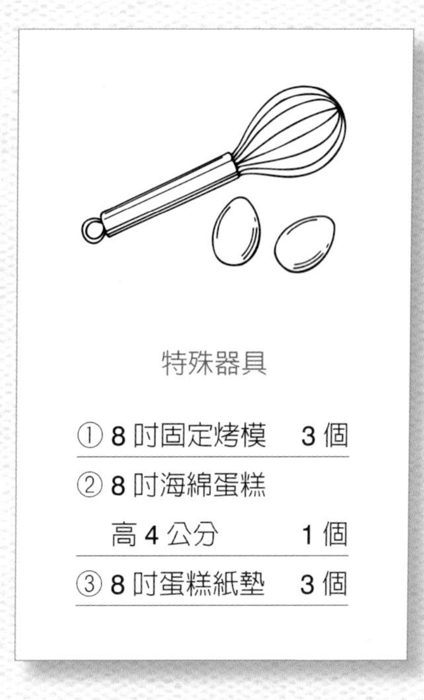

特殊器具

① 8 吋固定烤模　3 個

② 8 吋海綿蛋糕高 4 公分　1 個

③ 8 吋蛋糕紙墊　3 個

番茄乳酪蛋糕

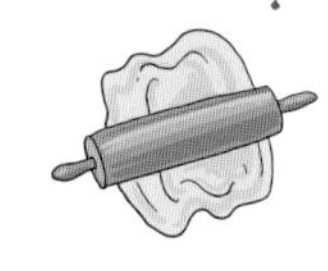

乳酪蛋糕製程

1. 乳酪、奶油、無糖番茄隔水加熱攪拌至融化。
2. 低筋粉、玉米粉過篩後加入，拌勻。
3. 蛋黃加入拌勻（保持溫熱）。
4. 蛋白、糖打發起泡後加入檸檬汁再打發到溼性發泡，與麵糊混合。
5. 墊蛋糕底，裝模（700 克），平烤盤放水（約 1000 克）。
6. 烤焙：200°C /120°C，表面稍著色調整為 120°C /150°C，開氣門。
   總共烤焙時間：90 ～ 120 分鐘。
7. 冷卻後刷杏桃果膠再置入冰箱冷藏。食用前若需分割，以熱刀較適宜。

配方

乳酪蛋糕（乳酪 600 克）配方

材料	百分比	重量（克）
乳酪	189.7	600
無鹽奶油	50	158
無糖番茄汁	100	316
低筋粉	26	82
玉米粉	22	69
蛋黃	80	253
香草精	0.5	2
蛋白	160	505
檸檬汁	10	32
細砂糖	100	316
合計	738.2	2333
刷表面裝飾		
杏桃果膠	50	50
熱水	25	25

特殊器具

① 8 吋固定烤模　3 個

② 8 吋海綿蛋糕高 4 公分　1 個

③ 8 吋蛋糕紙墊　3 個

虎皮戚風蛋糕捲

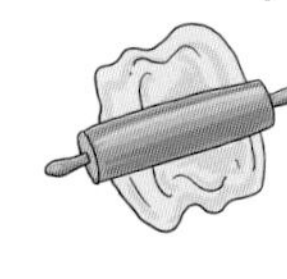

戚風蛋糕製程

1. 沙拉油、鮮奶、糖及香草精拌匀。
2. 麵粉及 BP 一起過篩後拌入。
3. 加入蛋黃拌匀即可。
4. 蛋白、糖、鹽、塔塔粉一起攪拌至半乾性發泡。
5. 取 1/3 乳沫至麵糊拌匀後再將所有材料拌匀。
6. 倒入平烤盤，抹平後輕輕摔一下，入爐烤焙（170℃ /140℃）約 25 ～ 30 分鐘。

虎皮製程

1. 所有材料一起打發至麵糊顏色變淺黃色。
2. 倒入已鋪紙之平烤盤中，抹平。
3. 烤焙：上火 230℃ / 下火 150℃，約 3 分鐘，麵糊表面出現紋路，調頭，關火，悶到顏色上色，共約 8 分鐘。

奶油霜製程

油脂打發後拌入糖漿即可。

戚風蛋糕配方

材料	百分比	重量（克）
沙拉油	90	250
鮮奶	75	208
細砂糖	20	55
香草精	0.3	1
低筋粉	100	277
發粉（BP）	2.5	7
蛋黃	100	277
蛋白	200	555
細砂糖	132	366
鹽	1	3
塔塔粉	0.5	1
合計	721.3	2000

虎皮配方

材料	百分比	重量（克）
蛋黃	100	491
砂糖	35	172
玉米粉	12	59
合計	147	722

製作數量：平烤盤 1 盤

奶油霜配方

材料	百分比	重量（克）
奶油	100	150
白油	100	150
糖漿	100	150
合計	300	450

特殊器具

① 鋸刀	1 把
② 抹刀	1 把
③ 尺	1 把
④ 大擀麵棍	1 根

虎皮抹茶蜜豆蛋糕捲

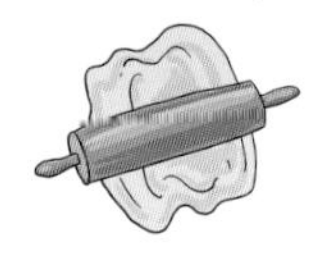

抹茶戚風蛋糕製程

1. 沙拉油、鮮奶、糖拌勻。
2. 麵粉及 BP、抹茶粉一起過篩後拌入。
3. 加入蛋黃拌勻即可。
4. 蛋白、糖、鹽、塔塔粉一起攪拌至半乾性發泡。
5. 取 1/3 乳沫至麵糊拌勻後再將所有材料拌勻。
6. 倒入平烤盤，抹平後輕輕摔一下，入爐烤焙（170°C /150°C）約 25 ～ 30 分鐘。

虎皮製程

1. 所有材料一起打發至麵糊顏色變淺黃色。
2. 倒入已鋪紙之平烤盤中，抹平。
3. 烤焙：上火 230°C / 下火 150°C，約 3 分鐘，麵糊表面出現紋路，調頭，關火，悶到顏色上色，共約 8 分鐘。

奶油霜製程

油脂打發呈乳白色，拌入糖漿、香草精。

戚風蛋糕配方

材料	百分比	重量（克）
沙拉油	90	247
鮮奶	75	206
細砂糖	20	55
低筋麵粉	100	275
發粉（BP）	2.5	7
抹茶粉	7.2	20
蛋黃	100	275
蛋白	200	549
細砂糖	132	362
鹽	1	3
塔塔粉	0.5	1
合計	728.2	2000

虎皮配方

材料	百分比	重量（克）
蛋黃	100	491
砂糖	35	172
玉米粉	12	59
合計	147	722

製作數量：平烤盤 1 盤

奶油霜配方

材料	百分比	重量（克）
奶油	100	150
白油	100	150
糖漿	100	150
香草豆莢醬	1	2
合計	301	452
夾餡		
蜜紅豆粒		350

特殊器具

① 鋸刀	1 把
② 抹刀	1 把
③ 尺	1 把
④ 大擀麵棍	1 根

虎皮栗子咖啡蛋糕捲

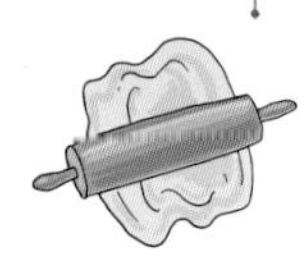

咖啡戚風蛋糕製程

1. 鮮奶加熱拌入咖啡粉備用。
2. 沙拉油、鮮奶、糖及香草精拌勻。
3. 麵粉及 BP 一起過篩後拌入。
4. 加入蛋黃拌勻即可。
5. 蛋白、糖、鹽、塔塔粉一起攪拌至半乾性發泡。
6. 取 1/3 乳沫至麵糊拌勻後再將所有材料拌勻。
7. 倒入平烤盤，抹平後輕輕摔一下，入爐烤焙（170°C /150°C）約 28 分鐘。

虎皮製程

1. 所有材料一起打發至麵糊顏色變淺黃色。
2. 倒入已鋪紙之平烤盤中，抹平。
3. 烤焙：上火 230°C / 下火 150°C，約 3 分鐘，麵糊表面出現紋路，調頭，關火，悶到顏色上色，共約 8 分鐘。

栗子餡製程

所有餡料拌勻即可。

戚風蛋糕配方

材料	百分比	重量（克）
沙拉油	90	247
鮮奶	75	206
細砂糖	20	55
低筋麵粉	100	275
發粉（BP）	2.5	7
即溶咖啡粉	7.2	20
蛋黃	100	275
蛋白	200	549
細砂糖	132	362
鹽	1	3
塔塔粉	0.5	1
合計	728.2	2000

特殊器具

① 鋸刀	1 把
② 抹刀	1 把
③ 尺	1 把
④ 大擀麵棍	1 根

虎皮配方

材料	百分比	重量（克）
蛋黃	100	491
砂糖	35	172
玉米粉	12	59
合計	147	722

製作數量：平烤盤 1 盤

栗子餡配方

材料	百分比	重量（克）
有糖栗子餡	100	205
無糖栗子餡	50	102
動物性鮮奶油	50	102
奶油	13	27
白蘭地	7	14
合計	220	450

夾餡

栗子粒（顆）	10（顆）

國家圖書館出版品預行編目資料

西點蛋糕製作／葉連德著. --二版. --臺北市：五南圖書出版股份有限公司, 2024.04
面；　公分
ISBN 978-626-393-197-8(平裝)

1.CST: 點心食譜

427.16　　113003746

1LA5

西點蛋糕製作

作　者— 葉連德
發 行 人— 楊榮川
總 經 理— 楊士清
總 編 輯— 楊秀麗
副總編輯— 李貴年
責任編輯— 温小瑩、何富珊
封面設計— 陳翰陞、姚孝慈
出 版 者— 五南圖書出版股份有限公司
地　址：106台北市大安區和平東路二段339號4樓
電　話：(02)2705-5066　　傳　真：(02)2706-6100
網　址：https://www.wunan.com.tw
電子郵件：wunan@wunan.com.tw
劃撥帳號：01068953
戶　名：五南圖書出版股份有限公司

法律顧問　林勝安律師

出版日期　2016年 9 月初版一刷（共二刷）
　　　　　2024年 4 月二版一刷
定　價　新臺幣420元